中國古代鹽運聚落與建築研究叢書

国家出版基金项目
NATIONAL PUBLICATION FOUNDATION

中国古代盐运聚落与建筑研究丛书

丛书主编 赵逵

云南盐运古道上的聚落与建筑

赵逵 李雨萌 著

四川大学出版社
SICHUAN UNIVERSITY PRESS

图书在版编目（CIP）数据

云南盐运古道上的聚落与建筑 / 赵逵，李雨萌著
. — 成都：四川大学出版社，2023.9
（中国古代盐运聚落与建筑研究丛书 / 赵逵主编）
ISBN 978-7-5690-6289-2

Ⅰ．①云… Ⅱ．①赵… ②李… Ⅲ．①聚落环境－关系－古建筑－研究－云南 Ⅳ．① X21② TU-092.2

中国国家版本馆 CIP 数据核字（2023）第 149876 号

书　　名：云南盐运古道上的聚落与建筑
　　　　　Yunnan Yanyun Gudao Shang de Juluo yu Jianzhu
著　　者：赵　逵　李雨萌
丛 书 名：中国古代盐运聚落与建筑研究丛书
丛书主编：赵　逵

出 版 人：侯宏虹
总 策 划：张宏辉
丛书策划：杨岳峰
选题策划：杨岳峰
责任编辑：李　耕
责任校对：李畅炜
装帧设计：墨创文化
责任印制：王　炜

出版发行：四川大学出版社有限责任公司
　　　　　地址：成都市一环路南一段 24 号（610065）
　　　　　电话：（028）85408311（发行部）、85400276（总编室）
　　　　　电子邮箱：scupress@vip.163.com
　　　　　网址：https://press.scu.edu.cn
审 图 号：GS（2023）4388 号
印前制作：成都墨之创文化传播有限公司
印刷装订：四川宏丰印务有限公司

成品尺寸：170mm×240mm
印　　张：12.5
字　　数：194 千字

版　　次：2023 年 9 月 第 1 版
印　　次：2023 年 9 月 第 1 次印刷
定　　价：88.00 元

本社图书如有印装质量问题，请联系发行部调换

扫码获取数字资源

四川大学出版社
微信公众号

　　"文化线路"是近些年文化遗产领域的一个热词，中国历史悠久，拥有丝绸之路、茶马古道、大运河等众多举世闻名的文化线路，古盐道也是其中重要一项。盐作为百味之首，具有极其重要的社会价值，在中华民族辉煌的历史进程中发挥过重要作用。在中国古代，盐业经济完全由政府控制，其税收占国家总体税收的十之五六，盐税收入是国家赈灾、水利建设、公共设施修建、军饷和官员俸禄等开支的重要来源，因此现存的盐业文化遗产也非常丰富且价值重大。

　　正因为盐业十分重要，中国历史上产生了众多的盐业文献，如汉代《盐铁论》、唐代《盐铁转运图》、宋代《盐策》、明代《盐政志》、《清盐法志》、近代《中国盐政史》等。与此同时，外国学者亦对中国盐业历史多有关注，如日本佐伯富著有《中国盐政史研究》、日野勉著有《清国盐政考》等。遗憾的是，既往的盐业研究主要集中在历史、经济、文化、地理等单学科领域，而从地理、经济等多学科视角对盐业聚落、建筑展开综合研究尚属空白。

华中科技大学赵逵教授带领研究团队多次深入各地调研，坚持走访盐业聚落，测绘盐业建筑，历时近二十年。他们详细记录了每个盐区、每条运盐线路的文化遗产现状，绘制了数百张聚落和建筑的精准测绘图纸。他们还运用多学科研究方法，对《清盐法志》所记载的清代九大盐区内盐运聚落与建筑的分布特征、形态类别、结构功能等进行了系统研究，深入挖掘古盐道所蕴含的丰富历史信息和文化价值。这其中，既有纵向的历时性研究，也有横向的对比研究，最终形成了这套"中国古代盐运聚落与建筑研究丛书"。

"中国古代盐运聚落与建筑研究丛书"全面反映了赵逵教授团队近二十年的实地调研成果，并在此基础上进行了理论探讨，开辟了中国盐业文化遗产研究的全新领域，具有很高的学术研究价值和突出的社会效益，对于古盐道沿线相关聚落和建筑文化遗产的保护也有重要的促进作用，值得期待。

（汪悦进：哈佛大学艺术史与建筑史系洛克菲勒亚洲艺术史专席终身教授）

2023 年 9 月 20 日

人的生命体离不开盐，人类社会的演进也离不开盐的生产和供给，人类生活要摆脱盐产地的束缚就必须依赖持续稳定的盐运活动。

古代盐运道路作为一条条生命之路，既传播着文明与文化，又拓展着权力与税收的边界。中国古盐道自汉代起就被官方严格管控，详细记录，这些官方记录为后世留下了丰富的研究资料。我们团队主要以清代各盐区的盐业史料为依据，沿着古盐道走遍祖国的山山水水，访谈、拍照、记录无数考察资料，整理形成这套充满"盐味"的丛书。

古盐道延续数千年，与我国众多的文化线路都有交集，"茶马古道也叫盐茶古道""大运河既是漕运之河，也是盐运之河""丝绸之路上除了丝绸还有盐"，这样的叙述在我们考察古盐道时常能听到。从世界范围看，人类文明的诞生地必定与其附近的某些盐产地保持着持续的联系，或者本身就处在盐产地。某地区吃哪个地方产的盐，并不是由运输距离的远近决定的，而是由持续运输的便利程度决定的。这背后综合了山脉阻隔、河运断续、战争破坏等各方面因素，这便意味着，吃同一种盐的人有更频繁的交通往来、更多的交流机会与更强的文化认同。盐的运输跨越省界、国界、族界，食盐如同文化的显色剂，古代盐区的分界与地域文化的分界往往存在若明若暗的契合关系。因为文化的传播范围同样取决于交通的可达范围，盐的运输通道同时也是文化的传播通道，盐的运销边界也就成为文化的传播边界，从"盐"的视角出发，可以更加方便且直观地观察我国的地域文化分区。

另外，盐的生产和运输与许多城市的兴衰都有密切关系。如上海浦东，早期便是沿海的重要盐场。元代成书的《熬波图》就是以浦东下沙盐场为蓝本，书中绘制的盐场布局图应是浦东最早的历史地图，图中提到的大团、六灶、盐仓等与盐场相关的地名现在依然可寻。此外，天津、济南、扬州等城市都曾是各大盐区最重要的盐运中转地，盐曾是这些城市历史上最重要的商品之一，而像盐城、海盐、自贡这些城市，更是直接因盐而生的。这样的城市还有很多，本丛书都将一一提及。

盐的分布也带给我们一些有趣的地理启示。

海边滩涂是人类晒盐的主要区域，可明清盐场随着滩涂外扩也在持续外移。滩涂外扩是人类治理河流、修筑堤坝等原因造成的，这种外扩的速度非常惊人。如黄河改道不过一百多年，就在东营入海口推出了一座新的城市。我从小生活在东营胜利油田，四十年前那里还是一望无际的盐碱地，只有"磕头机"在默默抽着地底的石油。待到研究《山东盐法志》我才知道，我生活的地方在清代还是汪洋一片，早期的盐场在利津、广饶一带，距海边有上百里地，而东营胜利油田不过是黄河泥沙在海中推出的一座"天然钻井平台"，这个平台如今还在以每年四千多亩新土地的增速继续向海洋扩张。同样的地理变迁也发生在辽河、淮河、长江、西江（珠江）入海口，盐城、下沙盐场（上海浦东）、广州等产盐区如今都远离了海洋，而江河填海区也大多发现了油田，这是个有意思的现象，盐、油伴生的情况也同样发生在内陆盆地。

盐除了存在于海洋，亦存在于所有无法连通海洋的湖泊。中国已知有一千五百多个盐湖，绝大多数分布在西藏、新疆、青海、内蒙古等地人迹罕至的区域，胡焕庸线以东人类早期大规模活动地区的盐湖就只剩下山西运城盐湖一处，为什么会这样？因为所有河流如果流不进大海，就必定会流入盐湖，只有把盐湖连通，把水引入海洋，盐湖才会成为淡水湖（海洋可理解为更大的盐湖）。人类和大型哺乳动物都离不开盐，在人类早期活动区域原本也有很多盐湖，如古书记载四川盆地就有古蜀海，但如今汇入古蜀海的数百条河流都无一例外地汇入长江入海，古蜀海消失了；同样的情景也发生在两湖盆地，原本数百条河流汇入古云梦泽，而如今也都通过长江流入大海，古云梦泽便消失了；关中盆地（过去有盐泽）、南阳盆地等也有类似情况。这些盆地现今都发现蕴藏有丰富的盐业资源和石油资源，推测盆地早期是海洋环境（地质学称"海相盆地"），那么这些盆地的盐湖、盐泽哪里去了？地理学家倾向于认为是百万至千万年前的地质变化使其消失的，可为什么在人类活动区盐湖都通过长江、黄河、淮河等河流入海了，而非人类活动区的盐湖却保存了下来？实际上，在人类数千年的历史记载中，"疏通河流"一直都是国家大事，如对长江巫山、夔门和黄河三门峡，《水经注》《本蜀论》《尚书·禹贡》中都有大量人类在此导江入海的记载，而我们却将其归为了神话故事。从卫星地图看，这些峡口也是连续山脉被硬生生切断的地方，这些神话故事与地理事实如此巧合吗？如果知晓长江疏通前曾因堰塞而使水位抬升，就不难解释巫山、奉节、巴东一带的悬棺之谜、悬空栈道之谜了。有关这个问题，本丛书还会有所论述。

盐、油（石油）、气（天然气）大多在盆地底部或江河入海口共生，海盐、池盐的生产自古以日晒法为主，而内陆的井盐却是利用与盐共生的天然气（古称"地皮火"）熬制，卤井与火井的开采及组合利用，充分体现了我国古人高超的科技智慧，这或许也是中国最早的工业萌芽，是前工业时代的重要遗产，值得深度挖掘。

本丛书主要依据官方史料，结合实地调研，对照古今地图，首次对我国古代盐道进行大范围的梳理，对古盐道上的盐业聚落与盐业建筑进行集中展示与研究，在学科门类上，涉及历史学、民族学、人类学、生态学、规划学、建筑学以及遗产保护等众多领域；在时间跨度上，从汉代盐铁官营到清末民国盐业经济衰退，长达两千多年。开创性、大范围、跨学科、长时段等特点使得本丛书涉及面很广，由此我们在各书的内容安排上，重在研究盐业聚落与盐业建筑，而于盐史、盐法为略，其旨在为整体的研究提供相关知识背景。据《清史稿》《清盐法志》记载，清代全国分为十一大盐区：长芦、奉天（东三省）、山东、两淮、浙江、福建、广东、四川、云南、河东、陕甘。因东北在清代地位特殊，长期实行"盐不入课，场亦无纪"，而陕甘土盐较多，盐法不备，故这两大盐区由官府管理的盐运活动远不及其他九大盐区发达，我们的调研收获也很有限，所以本丛书即由长芦等九大盐区对应的九册图书构成。关于盐区还要说明的是，盐区是古代官方为方便盐务管理而人为划定的范围，同一盐区更似一种"盐业经济区"，十一大盐区之外的我国其他地区同样存在食盐的产运销活动，只是未被纳入官方管理体制，其"盐业经济区"还未成熟。

十八年前，我以"川盐古道"为研究对象完成博士论文而后出版，在学界首次揭开我国古盐道的神秘面纱，如今，我们将古盐道研究扩及全国，涉及九大盐区，首次将古人的生活史以盐的视角重新展示。食盐运销作为古代大规模且长时段的经济活动，对社会政治、经济、文化产生了深远的影响。古盐道研究是一个巨大的命题，我们的研究只是揭开了这个序幕，希望通过我们的努力，能够加深社会公众对于中国古代盐道丰富文化内涵的认知和对于盐运与文化交流传播关系的重视，促进古盐道上现存传统盐业聚落与建筑文化遗产的保护，从而推动我国线性文化遗产保护与研究事业的进步。

于哈佛

2023 年 8 月 22 日

QIAN
YAN

云南位于中国西南边疆，北连青藏高原，南接中南半岛，域内少数民族众多，民族文化灿烂多元。云南还拥有丰富的井盐资源，"云南物产，锡、铜而外，当以盐为大宗"。但云南地势崎岖复杂，山高水险，横断山系将其切割成无数封闭或半封闭的小盆地，这些小盆地星罗棋布地分散在群山之中，从而形成了一个个独特且相对孤立的社会文化单元。食盐贸易则打破了这种内向的封闭性，使文化得以在更大范围内交流和传播，由此所产生的商贸通道——云南古盐道，在承担起运输生命物质——盐的任务的同时，也对沿线的聚落与建筑产生了深远的影响。

云南的澜沧江、元江等流入境外，使云南与东南亚地区建立起了较好的沟通渠道，然而，省内的水系通达性却较差，在盐业运输方面更多依靠陆路。"滇省山多路窄，不通舟楫，小民运销井盐，肩背马驮。"由于地貌环境的复杂和运输条件的艰难，云南盐区呈现出多民族、多中心的特点，文化分区也更为明显。

综合来看，本书的特色主要有以下两点：

第一，大量使用历史地图，力求还原最真实的盐业聚落与建筑。《滇南盐法图》以彩色写实的形式生动地再现了云南九大井场的生产场景，也描绘了盐业聚落的周边形势和功能布局。对于部分只是镇级聚落的井场而言，如此细致的描绘实在难能可贵。清代云南的《黑盐井志》《白盐井志》《琅盐井志》以及《威远厅志》中都有重要的井场舆图，其以线描绘本的形式客观展现了产盐聚落的地理形势、空间格局以及建筑分布。本书在解读历史地图所蕴含的聚落空间信息的同时，将其与现代卫星地图所展示的街巷空间进行对比研究，进一步探寻盐业经济对聚落演变的影响。

第二，关注云南盐区的建筑文化交融现象。云南盐井分布不均匀，产量较低，民国之前滇盐只行销本省，其体系中心内核相对封闭，而云南外缘地区则因为借销邻盐的缘故，与国内的四川、西藏、广西三省区以及缅甸、越南等东南亚国家交流频繁。云南食盐运销的过程也是文化传播的过程，其中涉及不同地域文化和民族之间的交流、融合，反映了当地社会和文化的变迁特点——这些内容在聚落元素和建筑风格中都有所体现。

本书能够出版，首先应该感谢赵逵工作室的全体成员，是大家的共同努力和研究积累，丰富和充实了本书内容。特别要感谢张钰老师，她在团队实地调研过程中给予了全方位的后勤支持，在书稿策划、出版协调过程中付出了大量的精力和心血。

在两千多年的发展过程中，云南古盐道上形成了大量各具特色又暗含联系的盐运聚落和建筑，是一笔极为珍贵的历史文化遗产。然而，在现代交通运输体系建立后，传统的商贸古道被高速公路、铁路、航空线路取代，滇盐古道也随之慢慢消失。现代化制盐工厂的建立也在不断挤压传统制盐工艺的生存空间，盐业聚落迅速走下历史舞台，抢救性保护势在必行。本书以国家出版基金项目为依托，基于云南盐运视角，结合大量古地图和盐法志提供的线索，分析云南古盐道的空间分布与特点，并对沿线的盐业聚落与建筑进行全面的梳理与研究，为其保护贡献一份力量。

目录

第一章

云南盐业概述

本书所探讨的清代云南盐区，据《新纂云南通志·盐务考》记载为当时云南省全境，与今天的云南省地域大致相当。但因为清代滇盐产量不足，云南外缘地区长期存在"借销邻盐"的情况，其中滇东北的昭通府、镇雄州和东川府自清中期便被划为川盐销区直至清末，故本书在清代全国盐区范围示意图中也将其划入四川盐区展示。其余外缘地区虽多食外省盐，但一般未有定制，或别有他情，故仍划入云南盐区（图1-1）。比如广南府、开化府（今文山市、蒙自市一带）虽多吃粤盐，但因为清代滇粤两省主要实行"铜盐互易"，粤盐并不直接由两广盐商运入滇境行销，而是在百色即交由云南官府派人运回分销；滇西北维西厅、中甸厅居民历来食用四川巴塘、西藏芒康所产沙盐；滇西、滇东南有缅甸海盐与越南海盐输入，这些均为实际当中的变通之举。

图 1-1　清代全国九大盐区范围及云南盐区主要区域与重要盐场位置示意图①

---

① 各盐区的范围在不同时期不断有调整，本图是综合清代各盐区盐法志的记载信息绘制的大致示意图。具体研究时，应根据当时的文献记载和实践情况来确定实际范围。

第一节

云南盐区概况

一、云南盐区的自然地理条件

（一）山形水势

云南盐区地形以高原和山地为主，地势崎岖纵横，山高谷深，整体西北高东南低，高度落差可达 6600 多米，盐井多分布在坝子（小型山间盆地）上。以元江谷地和云岭山脉南端宽谷连线为界，可将云南划分成东西两大地形区。东部为滇东、滇中高原，地形起伏相对平缓，但也同样存在高山深谷；西部为横断山纵谷区，地势险峻，高黎贡山、怒山、无量山、哀牢山等巨大山脉盘亘在此（图1-2）。

古代长距离运输多依赖水运，但滇盐行销却并非如此。云南虽有金沙江、澜沧江、怒江、元江这样的大江大河，但是其都被高大的山脉隔开并不连通，且河流落差大、径流变化大，大部分河流不具备长距离通航条件，难行舟楫。唯有东川小江口至四川叙州府（今宜宾）的金沙江水路较为畅通，能够载运盐铜。云南能够短距离通航的湖泊有六个，与盐运相关者三处。其一滇池,迤西各井的食盐大多通过滇池转运至省店(在昆明)。其二洱海，有商船上至中、右二街，下至大理、沙坪、上关、喜洲各街，运输盐米货物，且多转运乔后井盐。其三异龙湖，石屏商帮经其及相关河流、道路载运盐茶等货物至建水、蒙自及新、老街出售。

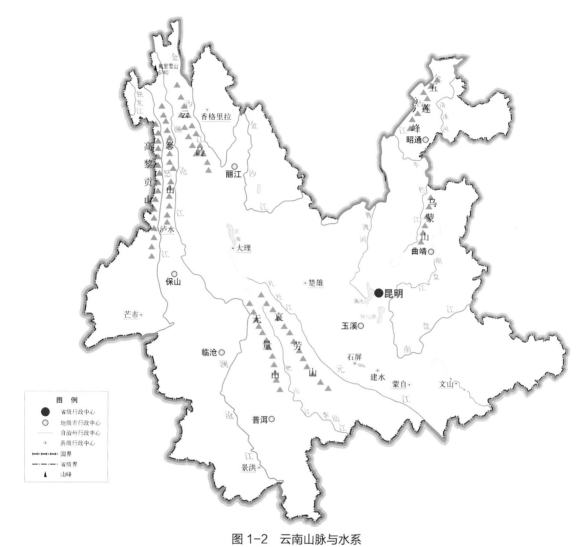

图1-2　云南山脉与水系

　　云南特殊的山形地貌和水文条件导致其域内交通不便，水
不通舟、山不通车，但盐运活动却艰难地打破了这种地理条件
造成的隔绝状态。在水路通达性较差的情况下，陆运就成为主
要的交通运输方式。当地先民在悬崖峭壁上凿山开路，在激流
险滩之上牵缆架桥，翻越皑皑雪山，穿行莽莽丛林。种种困难，
均没有阻挡住他们寻盐运盐的步伐。

（二）井盐资源及其成因

滇盐汲于井，井有产卤者，有产矿者，有矿、卤兼产者，因盐层埋藏浅，所以容易显露于地表浅层，"滇蜀之盐皆产于井，蜀井凿于人，滇井则成于天焉"[①]，说的就是这种情况。云南盐井遍布三迤，多为大口浅井，但是位置分布不均匀，集中在楚雄府、镇沅府、普洱府、丽江府、大理府等腹心地区，边缘地区几乎没有。

盐层成于盆地。造山运动后，云南地势发生巨大变化，西部高原上横断山脉纵谷区切断了东西交通，东部地表起伏不平，多高山深谷。复杂的地质活动催生了一些封闭、半封闭的大型盆地，为盐类物质沉积提供了良好的场所。盆地周围的盐类物质经过雨水冲刷，随地表水或地下水聚积在内陆湖泊盆地中，湖水无法流出，盐类物质越积越多，在气候干燥炎热的情况下，湖水蒸发沉积形成盐矿。内陆湖的深层在地质活动中不断被四周山体带来的泥沙覆盖，盐类物质也随之下沉，最终形成埋藏于地表之下的岩盐层。

根据现代地质勘测结果，滇盐矿床大部分属于海相沉积，这也是内陆湖盆成盐的有利佐证。云南之所以成为人类发祥地，也许和盐矿资源丰富不无关系。

以黑井[②]为例，燕山运动后，地壳抬升，禄丰盆地内的湖泊大多消失，仅黑井一带还有咸水湖。从现在的地形图也可以看到，龙川江两岸的金泉山和玉碧山相对而立，如果将上游的东山大沟干渠和下游的庙房下大箐堵住，即使涨水到四百多米，两侧的高山也会将水牢牢堵住，黑井镇就会成为一个泄不出去水的小型盆地，从而形成湖泊（图1-3）。

---

① （清）王守基：《盐法议略》，《滂喜斋丛书》本。

② 黑井，部分文献亦称"黑盐井"，其他盐井常常简称为"某井"，如白盐井多作"白井"，琅盐井多作"琅井"，意思不变。

A. 初期

B. 涨水 200 米

C. 涨水 400 米

图 1-3　黑井淹没模拟图

二、云南盐区的历史沿革

据史料记载，汉武帝时期，益州郡连然盐井（位于今安宁市）设有盐官；东汉时，永昌太守"与哀牢夷人约，邑豪岁输……盐一斛"[①]。这说明两汉时期云南盐业已经具有一定规模。及至晋代，"晋宁郡，连然县有盐泉，南中共仰之。云南郡，青蛉县有盐官，濮水出。南广郡，南广县有盐官"[②]，反映了云南盐业生产进一步发展。

唐宋时期，南诏、大理地方割据政权崛起，与中央王朝、吐蕃、爨氏势力反复争夺对云南盐井的控制。产盐聚落因盐业而经济繁荣，像滇中安宁井和滇西弥沙井、白井等都是各方势

---

① （南朝宋）范晔撰，（唐）李贤等注：《后汉书》卷八十六，中华书局，1965 年，第 2851 页。

② 牛鸿斌、文明元、李春龙等：《新纂云南通志七》，云南人民出版社，2007 年，第 144 页。

力的角逐对象，得盐井者在政治交锋中也是胜利方。及至元代，云南再次被纳入中央王朝版图，元朝政府置云南行省，在白井、黑井、安宁井等井场设盐官，史载时有盐井四十多处（包括小井），较前代大有发展。

明代，云南设四个盐课提举司，下辖十二个盐课司，集中在滇中（黑井提举、安宁井提举）、滇西（白井提举、五井提举）一带（图1-4：A）。滇南虽有零星盐井，却没有立官设制，亦不见于官方册籍，统称土井，由当地人自煎自食，不收赋税。清初，云南陷入战乱，盐井和锅灶等都遭到破坏，盐业经济凋敝，正井数量由明代十二井降至九井，盐产地仍集中在滇中、滇西，仅景东井在滇南，提举司则设在黑井、白井、琅井三地。清初战乱平息之后，云南盐业得到了显著的发展，最明显的体现就是盐井数量的增加。雍正十年（1732年），云南产盐井场已增至十五处（只旧、草溪合计一井），而光绪《大清会典事例》则记载了云南的二十五处盐井。官方文献记载中盐井的增加，一方面是由于旧有土井产量增长，被纳入官方管理之中，另一方面则是因为新辟盐井不断增多。此外，滇南的盐井增长尤为明显，特别是同治年间石膏井提举的设立，正式确立了滇南盐业的地位，打破了云南由来已久的传统盐产地布局，形成滇西、滇中、滇南三大盐产地并立的格局（图1-4：B）。

民国时期，云南军阀混战，盐产地布局仍成鼎立之势，但是各自的中心产场发生转变，滇中由黑井改为一平浪，滇西由白井改为乔后井，滇南由石膏井改为磨黑井。移卤就煤工程的实施也促进了滇盐生产技术的革新，从此滇盐生产迈入工业化。

A.明代云南盐井   B.清代云南盐井

注：明代云南盐井设置情况参见《明史》卷八十，清代云南盐井设置情况参见道光《云南通志》
卷七十一。

图 1-4　明清时期云南盐井场分布变迁

三、滇盐的生产

滇盐生产至今已有两千多年的悠久历史。对比井盐重要产地四川，云南井盐生产技术较为落后，但从自身发展情况来看，从挖坑积卤到凿井汲卤，从泼炭取盐到煎煮成盐，云南井盐的生产技术一直在缓慢发展，并形成了一套完整的制盐工艺——汲卤运卤、过滤提纯、煎煮成盐。

（一）汲卤运卤：辘轳、竹竜、枧槽、舟船

云南盐层埋藏浅，地下五十米处即有盐存在，易被地下水渗透而露于地表，因之，云南盐井多为大口浅井，最深不过几十米，汲卤运卤工艺较为简单，只用上了简单的机械，主要依靠人力。

1. 辘轳汲卤与竹竜汲卤

辘轳汲卤主要用于大口竖井，例如大姚县石羊古镇的庆丰井（其井口今已封闭，见图1-5）。辘轳汲卤的传统方法是每架辘轳由四到六人操作，两人在中间用手向内转动十字形手扳轮，二到四人在两旁扶着支撑高架向内踩动脚踏轮，通力协作将牛皮兜里的卤水提拉上来，再由盐工把卤水倒入卤池或大桶里（图1-6）。

注：底图来自《滇南盐法图》。

图1-5　石羊古镇庆丰井　　　　图1-6　辘轳汲卤示意图

竹竜汲卤则主要用于斜井取卤。竹竜是中间掏空的圆竹，一端配有转折式的"纱帽头"，用来连接储卤池（或称竜塘）。竹筒内部置入与竹筒一样长的竜杆，底部是用麻绳系住的牛皮袋，牛皮材质不易被卤水腐蚀；顶部带有把手，方便工人操作。依据盐井的深浅和走向，井下设置首尾相接的竹竜和竜塘。工人利用负压原理，将卤水逐节抽入各层竜塘，最终到达地面的卤池。

2. 枧槽输卤与舟船运卤

一般的井场需工人用背桶将卤水运出盐井，纯粹依靠人工，费时费力。但少部分盐井的地理位置特殊，其卤水或从河床中涌出，或从半山腰的岩穴涌出。前者可以利用舟楫运卤，后者可以利用天然高差，让卤水自流。安宁井场中有一盐井位于河中，从《滇南盐法图》中可看到盐工划船前往卤亭，用船运输卤水至灶房（图1-7）。而黑井场的复隆井位于半山腰，灶房却在山下，当地盐民用竹子、木板或条石制作成镶嵌在山间的枧槽，卤水因重力作用自然下流，进入灶房中的储卤池，省时省力（图1-8）。笔者在实际调研中看到，白后泉井也是如此，现在游人还可沿石质的枧槽向上攀登（图1-9）。

注：底图来自《滇南盐法图》。

图 1-7　舟船运卤——安宁井

图 1-9　白后泉井枧槽

注：底图来自嘉庆《黑盐井志》。

图 1-8　枧槽输卤——复隆井

（二）过滤提纯：晒盐篷

滇盐多用柴火煎煮制成，不像四川可以使用天然气。为降低成本，井场人民在煮盐之前要用晒盐篷进一步提纯卤水。晒盐篷又名枝条架，形如茅草屋，内部是用木头搭接的框架结构，外部是直达地面的竹篷，其上铺设山竹草，侧面搭建木梯，周围布置条石砌筑的晒卤台或回卤池（图 1-10、图 1-11）。

图 1-10　黑井镇晒盐篷

图 1-11　石羊镇晒盐篷

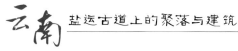

使用时，利用水车将卤水运输到晒盐篷顶部，使之沿斜面缓缓流下，其间由竹木吸附杂质，阳光蒸发水分，卤水流落到地面后再流入层层叠叠的晒卤台。提纯完成后，盐工背卤水至灶房煎制。黑井镇和石羊镇还保留着晒盐篷，竹篷上挂满了白色的结晶体，记录着古镇悠久的制盐史。

（三）煎煮成盐：柴薪、煤炭

1. 柴薪煎盐

云南盐井周围的柴薪市场十分繁荣，供不应求，官府甚至预付薪本费让灶工煎盐。各盐场煮盐方法略有不同。以盐灶分，有鸡窝灶、火炕灶等。鸡窝灶的灶膛和火道都在地下，一口大锅周围环绕着数口筒子锅（图 1-12），盐工蹲在地上弯腰劳作（图 1-14）；火炕灶的火道成梯形，以便充分利用余火，节省柴薪，灶上铁锅一字排布（图 1-13）。以最后的成盐工序分，有锅盐、手捏盐等。锅盐直接在锅里成型，其后需拿到锯盐处分解（单块锅盐可重达 60 千克）。手捏盐制作过程中，会在有晶体大量析出的时候，用手攥去水分，然后将成团的盐块再次烘烤，这样可缩短熬煮时间（图 1-15、图 1-16）。

图 1-12　筒子锅

图 1-13　火炕灶

注：底图来自《滇南盐法图》。

图 1-14 鸡窝灶

注：底图来自《滇南盐法图》。

图 1-15 捏盐房

注：底图来自《滇南盐法图》。

图 1-16 烘盐房

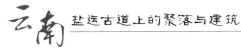

2. 移卤就煤

云南传统制盐工艺中柴薪几乎是唯一的燃料，效率极低，耗费惊人。民国时期，井场周围数百里之内的森林被砍伐一空，水土流失严重，制盐成本巨幅提升。1931年，兼任云南盐运使的张冲在视察禄丰县盐场时，得知位于阿陋猴井、元永井21千米外的一平浪有煤炭资源，且海拔低于两个盐井，于是提出"移卤就煤"改革方案，主张以煤代柴、推广煤煎。

这项改革方案由五部分组成，其中的难点是长距离运输卤水。卤水具有腐蚀性，又易堵塞管道，技术人员在比较过多种材料管道的优劣性后，选定了用釉面陶砖砌成宽3米的"U"形输卤沟，历时四年铺设完毕。输卤沟整体长21千米，高差近300米，遇河则建桥，遇沟壑则砌涵，其盘亘在滇中大地上，沿用50年仍具有旺盛的生命力，堪称近代工业史上的奇迹。

移卤就煤是滇盐生产技术上的巨大革新，从此滇盐生产迈入近代化。滇盐价格大大降低，解决了滇中近半个省的盐荒，也使一平浪成为云南盐都。时隔多年，一平浪如今还留有蓄卤池、锅炉房、输卤沟等盐业遗存。

云南盐业管理

一、云南食盐运输

（一）盐马古道

盐马古道是西南边疆地区最早的商路之一，它起源于人类维持生命的寻盐需求。与茶马古道和南方丝绸之路相比，盐马古道的历史更为悠久。它不仅是一条条商业贸易路线，更是云南地区人民生存和发展的生命之路。人不可无盐，但不是每个聚落都能产盐，为了生存，人们不得不长途跋涉去产盐地获取食盐，连接聚落和产盐地的古道网络因此形成。经久不衰的盐运活动，维持了古道的存续，促进了古道的发展。

盐马古道的兴起在茶马古道的形成和延展中发挥了重要的作用。茶马古道利用了早期盐运古道的线路，例如磨黑盐马古道和沙溪盐马古道即为滇茶入藏提供了便利。数百年来，云南的盐马古道为当地的商品流通和民间往来做出了巨大贡献。

云南复杂多变的气候类型导致部分地区的盐马古道只有在特定的季节才能通行。云南从南到北纵跨七个温度带，即使在同一处，山阴与山阳、山脚与山顶也会存在较大的温差，正所谓"一山分四季，十里不同天"，这些都造成滇盐流通的不便。滇西北横断山区属于寒带型气候，有长年不消之雪，每逢冬春二季常有大雪封山，交通为之断绝，盐运难以进行。据诺邓村村民叙述，早年在翻越雪山贩盐换取物资的路途中，有些

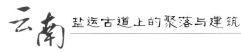

人就永远留在了雪山上，滇盐运输之艰难可见一斑。滇西、滇南地区夏季易下暴雨，导致道路泥泞，车马难行，或受蛮烟瘴雨影响，商贩避之不及。滇中省城区域地势开阔，气候适宜，四季均可运盐。

（二）铜盐互易

滇南大政，主要在于铜与盐的开采和贸易，然而滇铜甲天下，滇盐却产不敷销，铜盐互易主要见于滇川、滇粤之间，虽贵州也是滇铜京运的途经省份，但因贵州素不产盐，所以两地间没有铜盐互易。

清中期滇铜产量大幅增加，每年云南各地将铜料先运往东川、寻甸，再转运至北京铸造钱币，行程贯穿大半个中国，被称为"万里京运之路"。其中，产自东川的铜取道昭通经盐井渡至四川泸州，装满铜料的航船在四川卸货后如果空载驶回云南，运输成本将会大幅提高，而载回川盐并让运输铜料的马帮在渡口驮运食盐返程则十分方便经济。因此，乾隆十六年（1751年），清廷正式批准川滇铜盐互易，滇铜入川和川盐入滇达到了"铜运遄行，商贩络绎，载铜而下，运盐而上，舟楫便宜"的合理状态。

滇东南距离本省盐井较远，缺乏食盐，而广东则缺少用来铸币的铜料。是以清代之前，滇粤两省已出现盐铜的相互流通。至乾隆年间，朝廷批准滇粤两省采取铜盐互易的方式弥补各自所缺物资。《清史稿·食货四·盐法》记载："粤省鼓铸，岁资滇铜十余万斤，滇省广南府属岁资粤盐九万余包，每年两省委员办运，至百色交换，谓之'铜盐互易'"[1]。西江航运的

---

① （清）赵尔巽等：《清史稿》卷一百二十三，中华书局，1977年，第3623页。

兴盛使得广西百色地区成为滇粤"铜盐互易"的中转地，与其对应的云南口岸是富宁县剥隘镇。

二、云南食盐销售

（一）就近行销本省

在移卤就煤之前，云南以柴薪煮盐，受制于技术，滇盐产量较低，比不上川盐，更赶不上东部海盐。产量少、运转困难，造成盐价高昂，盐运甚至难以到达一些非产盐地以及边境地区，致使滇民多淡食，不知盐味。满足本省的食盐需要尚且艰难，遑论行销他省。

由于地势崎岖，水势高差大，滇盐主要选择陆运，而陆运的成本远高于水运。为了节省成本，滇盐行销区域的划分大体上遵循就近原则。位于滇西的白井、云龙井等供应滇西区域；位于滇中的黑井、琅井等供应滇中区域；位于滇南的景东井、石膏井等供应滇南区域（表1-1、图1-17）。由于盐法的更改、产量与盐品的变化、盐产地的发展，各盐井的销岸在不同时期有所调整，但没有发生根本性变化。以黑井为例，虽然康熙年间添加了武定、元谋等销岸，但从清初至乾嘉年间，黑井盐一直统运昆明总店，由盐商、小贩行销各地方，其主要销区始终在滇中一带，未有变化。

井区	井口	额盐	行盐区域
表1-1　清光宣间滇盐产销情况			
黑井区	黑井、元永井、琅井、阿陋猴井、草溪井、只旧井、安宁井	16141072斤	昆明县、富民县、宜良县、嵩明县、晋宁县、呈贡县、安宁州、罗次县、禄丰县、昆阳州、易门县、阿迷州、宁州、通海县、河西县、嶍峨县、楚雄县、定远县、南安州、广通县、碌嘉州判、河阳县、江川县、路南县、新兴州、广西直隶州、师宗县、丘北县、弥勒县、武定直隶州、元谋县、禄劝县、南宁县、沾益州、陆凉州、罗平州、马龙州、寻甸州、平彝县、宣威州、文山县边岸
白井区	白井、乔后井、喇鸡鸣井、丽江井、云龙井、弥沙井	9691850斤	太和县、赵州、云南县、邓川州、浪穹县、宾川州、云龙州、姚州、镇南州、大姚县、丽江县、鹤庆州、剑川州、中甸厅边岸、维西厅边岸、蒙化直隶厅、保山县、永平县、腾越厅边岸、龙陵厅边岸、永北直隶厅
石膏井区	石膏井、磨黑井、按板井、恩耕井、抱母井、香盐井、景东井	10625000斤	建水县、石屏州、蒙自县、个旧厅、景东直隶州、顺宁县、元洲、元江直隶厅、新平县、宁洱县、思茅厅、威远厅、他郎厅、镇沅直隶厅、镇边直隶厅

注：据牛鸿斌等点校《新纂云南通志七》整理。

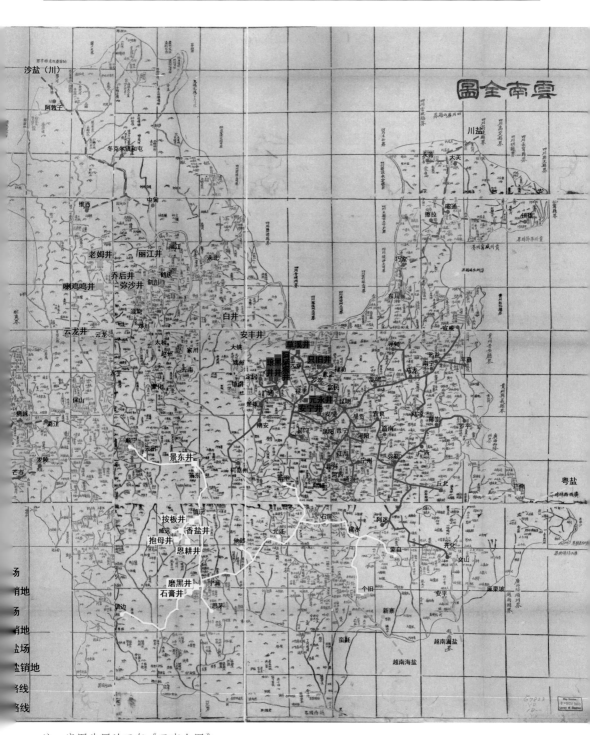

注：底图为同治三年《云南全图》。

图 1-17　清光宣间行盐区域示意图

（二）借销邻盐

为解决食盐不足的问题，滇省在加大对本省盐井开发的同时还借销邻盐。滇东北与四川相邻，滇西北与四川、西藏相接，滇东南与广西接壤，这些地区利用地理距离的优势，可分别借食川盐、藏盐、粤盐。除此之外，因价格低廉，越南盐、缅甸盐在滇南边境地带的土司地区广受欢迎。

1. 川（藏）盐入滇

清雍正七年（1729 年），为改变滇盐产不敷销的局面，昭通府、镇雄州成为川盐销区。乾隆三年（1738 年），东川府、宣威州、南宁县、沾益州、平彝县也改吃犍为、富顺盐。乾隆十六年（1751 年），由于安丰井等新开盐产地扩大产量，滇盐积销，南宁、平彝、沾益、宣威等处再次改吃滇盐，川盐则全部销往昭通、东川和镇雄这二府一州，直至清末。另外，滇西北的维西厅、中甸厅居民向来吃四川巴塘和西藏芒康所产沙盐，为保障民食，政府只酌情抽收厘税，未多加干涉。总体上，川盐通过西昌道、东川昭通道以及滇藏盐马古道等盐运古道进入滇东北和滇西北，藏盐则通过滇藏盐马古道进入滇西北。

2. 粤盐入滇

广南、开化二府地处滇东南，与滇省各盐产地距离较远，乾隆四年（1739 年），清政府批准两广官盐行销于此（两广官盐主要为粤盐）。广东方面先将粤盐运往广西百色地区，随后滇东南各州县买盐的官员奔赴百色接回食盐，所需银钱由云南储藏的铜息支付。乾隆十九年（1754 年），云贵总督请准滇粤铜盐互易，近乎以货易货，再将铜与盐的差价补给云南，自此直至铜盐互易结束，粤盐均以这种方式进入云南。宣统二年（1910 年），广南等处改食黑井盐。铜盐互易期间，粤盐行滇边岸稍有变动，但主要还是通过广南道进入滇东南地区。

3. 越南、缅甸盐入滇

云南与东南亚地区一直保持着紧密的商贸往来，海盐通过边民互市的方式进入云南永昌府各土司地区。边民互市随时随地在进行，难以从根本上禁止，清政府遂不对挑负货物不多的小贩设口盘查，也未将海盐列入禁止交易的商品名单中。这在为边民带来便利的同时，也为以后边地私盐屡禁不止埋下祸根。

三、云南盐法制度

明代云南在承袭前代食盐国家专卖制度的基础上，建立了灶户制度，管理盐业生产。各井灶丁有定额，如黑井200丁、琅井138丁等，随缺随补，后改为三或五年清查一次。并仿照里甲制度，分班控制灶户。具体生产时，卤水盛放在烙有官方印记的卤桶中，由官府按丁分发，每日有定额，从源头控制私盐流出。凡此种种措施，皆是为了督催盐课，不致短缺。灶户交纳盐课时，按卤水淡浓，缴于官府三分或四分。明初盐课为实物，或盐或布（仅五井），后期盐课折银，每引征银不等，九钱、七钱皆有。明末清初，大西农民军和吴三桂先后控制云南盐务，连续的战乱导致灶户纷纷出逃，清政府平定战乱后从井民中招徕新的灶户，卤水仍由官府掌握，按丁配给。为促进盐业快速恢复，官府还为其修复井灶，并给他们预发购买柴薪的银两（称之为薪本）。灶户交纳盐课时需返还薪本，此垫付薪本之举迄至清末未有变化（表1-2）。

表1-2　清宣统元年（1909年）云南各盐井薪本费（两）

井名	黑井	元兴井	永济井	白井	乔后井	石膏井
薪本费	7000	5000	3000	3500	3500	2000

井名	磨黑井	抱母井、香盐井	按板井	琅井	阿陋猴井	安宁井
薪本费	3000	2000	3000	600	600	500

滇盐运销法度历来多有变化。两汉时，仅征收盐税，任由百姓自煎自卖。唐宋时期，南诏、大理先后割据云南，其盐法制度在史书上罕有记载。明代施行开中法，民产、官收、官卖、商运、商销。然而开中法在云南实行得不甚顺利，行引不便，仅给小票。因转运艰难，商人认为利薄，遂无人报中，导致边疆粮食储备不足。为鼓励商人纳粮，官府一再降低一引盐所纳米的数量，如安宁井一引盐由两石米降至一石二斗，黑井一引盐由一石五斗降至一石，即使如此，到了弘治年间，无人报中的云南井盐仍达数万引。

清承明制，不颁行盐引，而是按井给票，但运销之法变革颇多。清初由商人煎盐办课完税，具有商运商销的性质，盐制较为松弛，后期商贩囤积居奇，百姓饱受淡食之苦。康熙中叶，平定吴三桂叛乱后，云南经济逐步恢复，盐法随之改成官运官销：井官监督灶户生产，官府雇人运盐到地方设店收贮，再由铺贩售卖。但部分地方官员为了宦绩考成，在额盐之外加煎余盐超一倍还多，不仅垫付的薪本无法收回，还使食盐供应远大于需求，这些余盐遂被强制分摊到百姓身上。嘉庆二年（1797年），云南发生"压盐政变"，百姓被迫反抗，盐法随之改为灶煎灶卖，民运民销，不限井口，不拘销岸，就场征税。嘉庆改制后以300斤为一大票，后因小贩资金不足，又增设50斤小票，以方便盐商购买运输。道光年间，大票配盐由300斤改为100斤，一驮一票，利于稽查盘验。至清末，由于英法等国的操纵，越南、缅甸的私盐大量冲击腾龙、开广等中国边地。为此清政府在云南边地划分内岸、边岸，内岸仍实行自由运销制度，边岸则再次实行官运官销制度，但收效甚微，边岸仍被量大便宜的越缅私盐占据。纵观清代云南盐法的几次变革，其无不与当时云南社会经济的发展状况相伴而动。

第三节

云南盐商及其活动

一、云南盐商

清代云南盐区长期实行引岸专商制度，盐商纳税获得盐引后，前往指定盐场拿盐，再销往指定区域，并由官府登记造册，是为专商。盐商经营并非世袭，也不固定销岸，但是为获取厚利，大盐商常贿赂官员，包款认岸，以确保垄断产地和销地，形成实质上的世袭专商。云南盐商可分为场商、运商两种：场商主收盐，活跃在盐井地；运商主行盐，活跃在盐销地。但在云南并没有出现如两浙、江淮地区那样可以搅动政局的巨商大贾，"行盐之商，率皆朝谋暮食之人，非若淮浙巨商挟重资而行运也"[①]。虽然云南盐商本小利薄，没有出现大专商，但是慕盐井之利的商人依旧纷至沓来。1921 年，因市面出现盐荒，政府打算实行官运商销制度，昆明盐商为维护自身利益而联合起来，向政府抗议呈文，文章末尾签盖的盐号图章密密麻麻，云南盐商之多可见一斑（表 1-3）。这些盐号大多设在昆明拓东路，该地为滇中盐的销售据点，从清代起就有盐行街之称，盐商甚至在拓东路集资修建了一所盐业会馆（图 1-18）。

---

① 康春华：《道光云南通志稿点校本（三）》，云南美术出版社，2021 年，第 64 页。

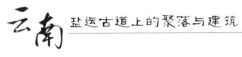

表1-3　昆明及附近地区盐号

地区	盐号名称
昆明	万美利盐号、庆余盐号、同发祥盐号、裕盛隆盐号、鸿盛昌盐号、鸿发祥盐号、万记盐号、世丰盐号姚记、恒泰谢记、裕丰年记、德记盐号、同顺盐号、复盛盐号、聚盛昌盐号、信昌盐号、利春恒盐号、德利盐号、同和昌盐号、永裕盐号、衡茂昌盐号
腰站	崇儒盐号、云盛号、三晋昌、方记、涌丽和盐号、祥瑞盐号、恒源盐号、仁和祥盐号
富民	华记盐号、晋川通、广宝盐号
呈贡	康益祥盐号、长发祥
武定	德聚公
不详	礼和盐号、同源号、春发祥记、广安和盐号、徐庆昌、衡泰盐号、衡昌祥盐号、长与盛、广盐记、太鑫源、云盛祥、恒裕通盐号、春记号、裕源盐号、同灵昌、裕丰恒盐号、德和盐号、利金盐号、云集祥盐号

注：底图来自黑井博物馆。

图1-18　清朝末年的昆明拓东路

场商经营范围不大，集中在盐井附近。而运商多为马帮，总揽运输业务与贸易业务。省内商人也有由零售小贩逐步发展成为大商帮首领的，不过彼时盐业就只是其众多业务中的一项了。如鹤庆商帮的"兴盛和"在大理下关收购食盐销往丽江、鹤庆等地，腾越商帮的"永茂和"来往于缅甸仰光与中国昆明之间，再如大理的"裕和号"运输云龙井盐至滇西各地。这些商帮出入大山深处，加强了云南各地的商贸联系，而滇西的腾冲和滇南的蒙自等地更是依托地利，开展了与缅甸、越南等东南亚国家的国际贸易。除本省盐商外，盐井之利也吸引了外省商人。以姚州为例，湖广、江西、四川盐商均在白井场附近修建会馆。除此之外，云龙州诺邓井场，楚雄州黑、琅二井场均有江西会馆。明清云南部分盐商信息详见表1-4。

表1-4 明清云南部分盐商信息

姓名	年代	贸易范围	经商轨迹
李湜	清	嵩明	售盐于市，后中举为官
孙自慎	乾隆	白井	贸易他乡，异地落籍
罗万里	清	姚州	弃学煎盐为业
甘时祥	清	下关	开下关盐号
张凤翔	清	白井	充当盐务经理
布五山	清	姚州	久办盐务
甘世贤	清	姚州	改业贩盐
王廷爵	清	昭通	经营盐务
李元勋	民国	淮阳	乱世避居，隐淮阳售盐
李久成	明	弥沙井	充本井盐课司丁总甲，家族逐渐富裕
赵泰	道光	遍布滇西	创建裕和号，后经营盐茶贸易，主要运销云龙井盐
李永茂	道光	缅甸、滇西	创建永茂和，开展缅甸仰光到中国昆明之间的贸易
舒金和	光绪	丽江、鹤庆	创建兴盛和，在下关集散点收购食盐销往丽江、鹤庆
杨家	晚清	昆明、下关	贩盐至少数民族聚居区，再收取深山的贵重药材
马启祥	道光		从事川盐销滇业务
李斌坤	清末	鹤庆、丽江、剑川	创建济泰盐号，将喇井盐销往鹤庆、丽江、剑川三地

注：部分资料来自路佳凡《明清云南商人及其商贸活动研究》。

二、云南盐商活动对盐运古道沿线地区的影响

云南盐商自由发展、自主经营，虽没有发展出大盐商，但是云南盐商亦需要通过官府的重重盘验，频繁固定往来于盐产地与盐销地。稳定持续的食盐运销活动对盐运古道沿线聚落和建筑的发展都产生了深远影响。

（一）云南盐商与聚落发展

清代云南食盐运销政策几经变化，嘉庆后施行灶煎灶卖，削弱了食盐官营的色彩，盐商可直接接触灶户收购食盐，也可将其从他处带来的商品在盐运古道沿线城镇售卖。盐商获利后，将资金投入其他行业或城镇建设中，为盐运古道沿线聚落的持续发展注入活力。他们或为家族修建精美的住宅和祠堂，或为商帮修建会馆、宫庙，或为村镇修建善堂、堤坝、桥梁，这些多元的建筑极大丰富了聚落的功能空间。重要的食盐集散地和如今的枢纽城市也多有重合，如大理、昆明、蒙自等城市。而在次一级的食盐运销中，部分盐商会深入大山中的偏远村落，贩运食盐并换取珍贵药材，为这些远离交通主干线的村落带来商业发展的可能。

（二）云南盐商与建筑文化交流

盐商南来北往，东进西出，行走在相对固定的盐运线路上，在推动沿线聚落发展的同时，也必然带动各地建筑文化突破地域的界限，在建造技艺和建筑风格上融合沿线多样的审美情趣，促进沿线各地本土建筑的发展和外来建筑的本土化。如江西商人在云南盐运古道沿线留下了众多的江西会馆，其中诺邓的万寿宫不同于其他地区的江西会馆那样雕梁画栋，而是崇尚古朴庄重，装饰简单，墙体厚实，以条石为底，上砌红色夯土墙，因地制宜，融入了当地的建筑风格。

第二章

云南盐运分区与盐运古道线路

云南盐运分区

　　由于产量低、盐井分布不均匀、转运困难，滇盐只在滇中、滇西、滇南三大产盐区就近行销，方便政府进行集约化的生产与运销管理。而一些距产盐区较远的地区则通过"借销邻盐"解决食盐不足的问题。滇东北的昭通、东川二府和镇雄州与四川相邻，滇东南的广南、开化二府与广西接壤，滇西北的维西厅、中甸厅与西藏芒康、四川巴塘毗连，利用地理距离的优势，川、粤、藏盐可就近行销云南。除此之外，因价格低廉，越南、缅甸私盐在滇南边境地带也行销甚广（图 2-1）。

　　此外，在滇中、滇西、滇南三大盐区的基础之上，根据滇盐出自井场的区别，盐区又可进一步划分。乾嘉时期，滇中盐区可分为黑井、阿陋猴井区、草溪井区、只旧井区、安宁井区、琅井区等六区；滇西盐区可分为白井区、安丰井区、丽江—老姆井区、云龙井区、弥沙井区等五区；滇南盐区可分为抱母—香盐井区、恩耕井区、按板井区、景东井区、磨黑井区、石膏井区等六区。这些盐区并非截然可分，有相当一部分州县是几个井场的共同销岸（表 2-1）。

图 2-1 清代云南盐运分区图

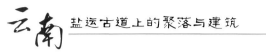

表 2-1 清乾嘉时期滇盐各井场行盐区域及销额			
盐区	次级盐区	行盐区域（年销/万斤）	
滇中区	黑井区	云南府、广西府、澂江府	年销昆明省仓561.4万斤，转售云南府：昆明、嵩明、晋宁、呈贡、昆阳、宜良；澂江府：江川、河阳、路南；广西府：广西、弥勒、师宗、丘北；曲靖府：马龙、陆凉、罗平等十六属
		临安府	建水县（30）、宁州（5）、通海县（10）、阿迷州（15）、蒙自县（10）
		曲靖府	南宁县（60）、沾益州（30）、寻甸州（48）、宣威州（20）、平彝县（12）
	阿陋猴井区	临安府	通海县（22.6）、蒙自县（44.3）
	草溪井区	临安府	全销蒙自县
	只旧井区	武定府	全销阿陋猴井
	安宁井区	澄江府	新兴州（24.4）
		云南府	昆明省仓（25.2）、安宁州（23.7）
		大理府	浪穹县（4.8）
		临安府	嶍峨县（33.6）
滇西区	琅井区	临安府	建水县（99.6）、阿迷州（23.4）、宁州（38.4）、通海县（21.8）、河西县（24.7）
		澄江府	新兴州（45.6）
		大理府	太和县（90.1）、赵州（80.7）、宾川州（46.2）、邓川州（24.6）、云南县（50.3）、浪穹县（3.5）
		楚雄府	楚雄县（46.2）、姚州（40.4）、大姚县（47.2）、镇南州（19.3）、定远县（31.9）、广通县（24.0）、禄丰县（15）、南安州（23.4）
	白井区	武定州	武定州（32.1）、禄劝县（28.3）、元谋县（35.1）
		云南府	昆明省仓（1.2）、易门县（41.5）、罗次县（17.9）、富民县（13.7）
		永北厅	永北同知（70.2）
		蒙化厅	蒙化同知（86.1）
		丽江府	鹤庆州（61.4）

（续表）

盐区	次级盐区	行盐区域（年销／万斤）	
滇西区	安丰井区	云南府	昆明省仓（62.9）、罗次县（9.7）、富民县（4.2）
		武定州	武定州（20.4）、禄劝县（10.2）
		楚雄府	禄丰县（14.4）
		临安府	建水县（36）
		大理府	浪穹县（14.4）
		永昌府	永平县（18）、保山县（6）
	丽江—老姆井区	丽江府	丽江县（34.4）、剑川州（21）
	云龙井区	永昌府	保山县（122.6）、腾越州（80.6）、永平县（6.3）
		大理府	邓川州（19）、浪穹县（12.2）、云龙州（60）
	弥沙井区	丽江府	弥沙井地方
滇南区	抱母—香盐井区	普洱府	全销威远同知地方
	按板井区	临安府	镇沅州（53.5）、石屏州（46.8）
		镇沅州	镇沅州（53.5）
		元江州	元江州（84.5）
	恩耕井区	镇沅州	镇沅州（2.4）
		普洱府	他郎通判（17.6）
		蒙化厅	蒙化同知（13）
	景东井区	景东厅	景东同知（118.2）
		楚雄府	嘉州通判（7.2）
	磨黑井区	普洱府	宁洱县
	石膏井区	普洱府	弥补磨黑、慢墨等井缺额

注：据《新纂云南通志》卷一百四十九整理。

第二节

云南盐运古道线路

　　云南盐井多散落在高山峡谷中，"其井地区域，皆类两山夹峙，一水中流"①，经过长时间的食盐运销活动，在盐产地与各销岸之间形成了一条条运输食盐的固定商贸通道。这一条条古盐道穿越高山峡谷，沟通了云南境内不同的地域和民族。云南的古盐道网络初步形成于南诏、大理国时期，元代设置驿传进一步打通云南各地的道路。明代不仅设驿站，还在道路沿途设置堡、巡检等机构，军屯、商屯政策的施行也促使大量汉人从中原迁往云南，间接促进了云南道路网络的发展。清代的盐道体系沿袭自明代，走向基本相同，仅驿站有所增补和裁撤。但即使驿站裁撤，平整安全的盐道仍然是盐商的第一选择。

　　按最终通向的地区，云南古盐道可以划分为五类：滇川古盐道、滇藏古盐道、滇桂古盐道、滇黔古盐道以及通往缅甸、越南的盐道，它们在串联起云南省内各盐销地的同时，也连通了滇地与川、藏、粤、贵、桂五地以及东南亚各国（图2-2）。

　　从线路分布来看，大理、昆明是两个最重要的盐运集散中心。南北方向的滇藏道与西昌道及东西方向的腾永入缅道，途经几乎所有的盐井。云南盐运古道充分利用了古代驿道，可以说，滇盐运输以古代驿道为主要线路，其支路则灵活串连散落在高山峡谷中的各个盐井。

---

① 　牛鸿斌、文明元、李春龙等：《新纂云南通志七》，云南人民出版社，2007年，第208—209页。

图 2-2　云南古盐道路线总图

一、滇川古盐道——西昌道、东川昭通道

连接滇川的古盐道主要有两条（图2-3）。其一为东川昭
通道，前身是秦朝开辟的五尺道，明清时期为滇铜京运的要道，
川盐多由此运输至滇东北。东川、昭通、镇雄三地距滇中井场
较远，仅巧家曾有汪家坪井，但产盐不多，清代为包课小井，
只能供应巧家、会泽两县。清雍正七年（1729年），为改变
滇盐产不敷销的局面，昭通、镇雄两地改食川盐。四川犍乐、
富顺盐场的盐航运至宜宾，再沿金沙江逆行进入云南境内，经
滩头汛、普洱渡，后卸船转陆运经豆沙关、大关到昭通，过牛
栏江，经以车汛（今迤车镇）到会泽，途中行销各州县，以大
关、昭通、会泽为重要转运点。滇中食盐自昆明起，运输至崇
明、寻甸、会泽亦通过此路线。

滇川古盐道第二条路线为西昌道，前身为汉代开辟的灵关
道，也称清溪官道、蜀滇西道，主要途经楚雄、武定、云南三
府，连接白、安丰、黑、琅、阿陋猴、草溪、只旧、安宁八个
井场。自昆明起分为二路，一是西进，经安宁、炼象关（设黑
琅井转运盐号）、禄丰、一平浪、紫溪到镇南（今南华县，时
设常平仓收存白井官盐），北上再经太平铺、姚安、大姚、永
定、仁和渡金沙江；二是从昆明直接北上，经富民、禄劝、武
定、元谋、黄瓜园到金沙江巡检司，与西进线路会于会理，北
通成都。安宁境内的螳螂川是滇池唯一流出的河流，有高头小
船可通行。

此外，为方便运输滇铜，乾隆年间曾疏浚东川小江口到叙
州府的金沙江水道，然而滩险水急，经常发生沉船事件。于是
运铜马帮从鲁甸走陆路将铜料运输至黄坪，再装船改水运到叙
州府。铜盐互运，从四川运来的食盐也可由此进入滇东北。

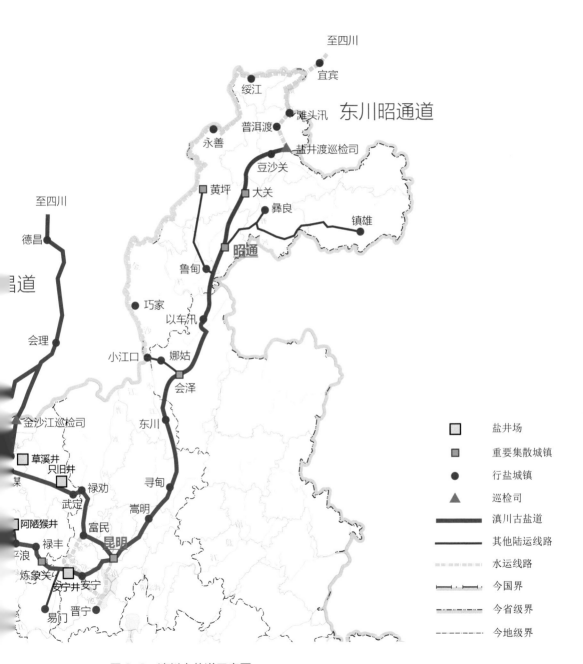

图 2-3　滇川古盐道示意图

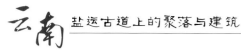

二、滇藏古盐道——滇藏道

滇藏道是滇藏茶马古道的前身，其纵贯滇省南北，沿途分布有众多盐场，滇西和滇南的盐井几乎都集中在这条古道沿线地区（图2-4）。云龙井、弥沙井、乔后井、喇鸡鸣井处在滇西横断山脉纵谷区，以发源于盐路山（雪邦山）的两条盐河沘江（今云龙县一带）、漾濞江流域为核心销地，形成曲折复杂的盐运线路，也造就了如剑川沙溪镇、兰坪营盘镇、维西保和镇、景东文井镇等井盐集散陆路码头。文井镇清凉老街是古代无量山和哀牢山山区中段最大的盐运集散地，景东井每年所产的食盐都要经过清凉老街周转各地。文井镇在清中前期就已经有上、中、下三条主街，形成三横三纵、以三层过街楼为中心的格局。清末农民起义，街场损毁严重，仅有中街保存较为完好。

滇藏古盐道南起普洱，北向新抚、镇沅、文井、景东、南涧、巍山到大理，洱海南北长约60千米，用以湖运尤为便利，在下关转水路，经喜洲到邓川。然后分三路：一经鹤庆、丽江、金江、巨甸、塔城、拖顶；二经洱源、沙溪、剑川、河西、维西、塔城；三经丽江、中甸、香格里拉、尼西。三路汇于奔子栏，翻越白马雪山，由德钦至西藏芒康盐井。丽江以北的维西、中甸两厅原本应该是喇鸡鸣井的销岸，但是由于这里僻远荒寒，每到冬春二季常有大雪封山，南来之路为之断绝，使得滇盐运输变得艰难，盐价高昂，而四川巴塘和西藏芒康（图2-5）所产沙盐供应这两地都较为便利，价格较低，所以私盐屡禁不止，官府就只在德钦阿敦子对沙盐设卡征税。

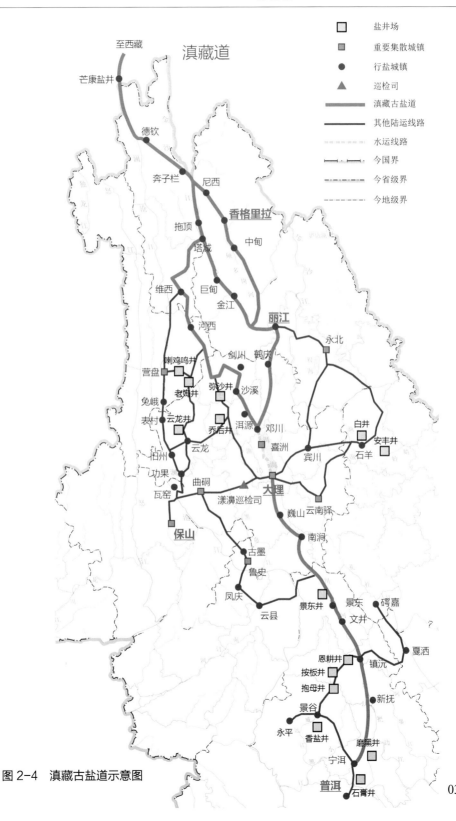

图 2-4　滇藏古盐道示意图

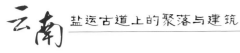

图 2-5　芒康盐井

三、滇桂古盐道——广南道

　　广南道是滇东南盐运的主要通道之一，途经云南省的云南府、澄江府、广西府、广南府，也称粤西道和通邕州道（图 2-6）。此通道于南诏时期就已开辟，清雍正年间云贵总督兼管广西，为加强云南与广西西江水路的联系，大力修整该通道，沿途布置汛塘哨卡。广南道具体线路整理如下：自昆明往东南方向去，经七甸、宜良、路南（今石林）、弥勒、竹园、江边，渡过南盘江到丘北，再经珠琳、广南、西洋街（今杨柳井）、富洲汛（今富宁）、归朝、者桑到剥隘。剥隘设有验秤处，用来稽查入滇粤盐，此地有剥隘河流往百色，夏季涨水时可乘小船直达广西百色。

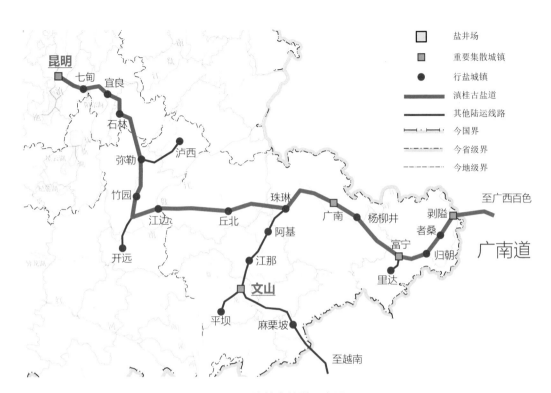

图2-6 滇桂古盐道示意图

　　滇东南无正井，黑井盐统运至昆明总店后，经广南道，转售路南、弥勒、丘北等地，然广南、开化二府地处极边，脚费重，盐价高，乾隆四年（1739年）批准粤盐行销于此，大量两广盐商由此进入云南，他们在滇桂古道沿线地区修建了粤西、粤东等会馆，促进了云南与两广地区建筑文化的交流传播。乾隆十九年（1754年），云贵总督请准滇粤铜盐互易，"由滇办铜，由粤办盐，广西百色为适中之地，惟道经剥隘，三月以后泥瘴即不能行，约定岁暮春初为限，铜盐皆运至百色交易而退，各自运回本省"。粤盐由云南官方运回广南府后转销各州县，亦可从珠琳往西南方向，经阿基、江那进入开化府。

四、滇黔古盐道——罗平道、威宁道、普安道

　　滇黔古盐道是滇东盐运的主要通道，包括罗平道、普安道、威宁道，可将滇中盐井的食盐运往曲靖府，也是滇盐入黔的主要通道（图 2-7）。贵州西部的普安州作为滇盐官方销岸的时期比较短暂，自清康熙二十五年（1686 年）开始，十年后即改销川盐。滇盐就此退出贵州的销售市场，但是民间偶有私盐流入。

　　南线为罗平道，南宋时开辟，从广西入云南买大理马即经由此道。滇盐自昆明往东，经七甸、宜良、陆良（古陆凉）、师宗、罗平、板桥，进入贵州兴义集散，可销至毗邻云南的盘江沿岸的兴义、安龙等八县。

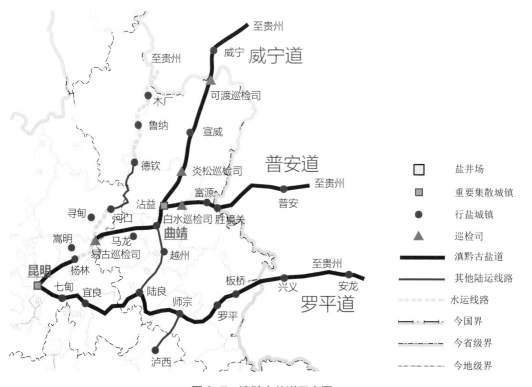

图 2-7　滇黔古盐道示意图

北线为威宁道，西汉时就已开辟，也称乌撒道。自昆明往东北方向，经杨林、易古巡检、马龙、曲靖、沾益、炎松巡检、宣威、可渡巡检至贵州威宁集散。可渡有"滇黔锁钥"之称，山形险峻，为兵家必争之地，元明清三代均在此设驿站，现在仍是滇黔交往通道上的要地。去往贵州威宁另有一水路，取道牛栏江，夏秋时期部分河段可行船。从杨林放排，沿途平波无澜，直至河口。从河口至德钦，江心多巨石耸峙，不利舟楫，需转陆运，然沿线人烟稀少，困难亦多。到了德钦可再次行水路，经鲁纳、木厂到贵州境内。

威宁道从沾益向东分岔就变为普安道，经白水巡检、富源，过胜境关至贵州普安，为旧时滇铜京运的要道，相传战国庄蹻曾沿此道进入云南，民国时期沿此线修筑滇东公路。胜境关同样是滇黔孔道，"山界滇域，岭划黔疆，风雨判云贵"，明代开始派兵驻守并开垦屯田，湖广商人经贵州普安后，可由此道进入云南。

五、云南通东南亚盐道——腾永入缅道、昆明车里道、通交趾道

云南与东南亚地区一直保持着紧密的商贸往来，开化、广南、腾越三府紧邻外域，边境线漫长，小路随处可见，越南、缅甸等国的海盐可通过边民互市的方式进入云南边境各土司地区。腾永入缅道为秦汉蜀身毒道的一段，也称博南道，元明清三代都是通往缅甸的重要盐运道路（图2-8）。自大理下关起，西经漾濞巡检、曲硐、沙木和，跨澜沧江到保山，再跨怒江到潞江，经腾越、和顺、遮岛、旧城、盈江至缅甸，或从潞江向西南方向分岔，经龙山、芒市、遮放、勐卯至缅甸。这条线路

中的大理下关、保山都是重要的滇西盐运集散点，其中大理下
关设有转运仓，收存乔后井官盐，保山设有常平仓，收存云龙
井和喇鸡鸣井以及大理下关转运而来的官盐。运盐马帮从喇鸡
鸣井向西经红土涧到营盘，南经兔峨、表村、旧州、功果、瓦
窑到保山，云龙井所产之盐同样是先西行至旧州，在马家店盐
马驿站略做修整再向南到保山。云龙民间将销盐至腾越称为"走
夷方"，到了缅甸境内则称之为"上洋脚"。

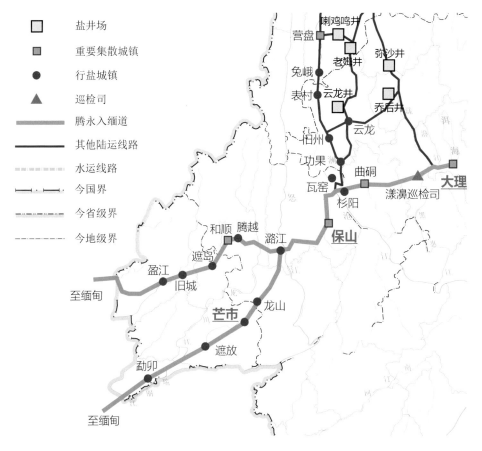

图 2-8 腾永入缅道示意图

昆明车里道自昆明经昆阳、峨山、元江到墨江（图2-9）。墨江县内，沿阿墨江、李仙江放船下行，经磨铺井（今龙潭）、坝溜、嘉禾能通越南。或者从墨江转向磨黑井、宁洱、普洱、小孟养（今勐养），至小孟养后线路分岔，向西南通缅甸，向

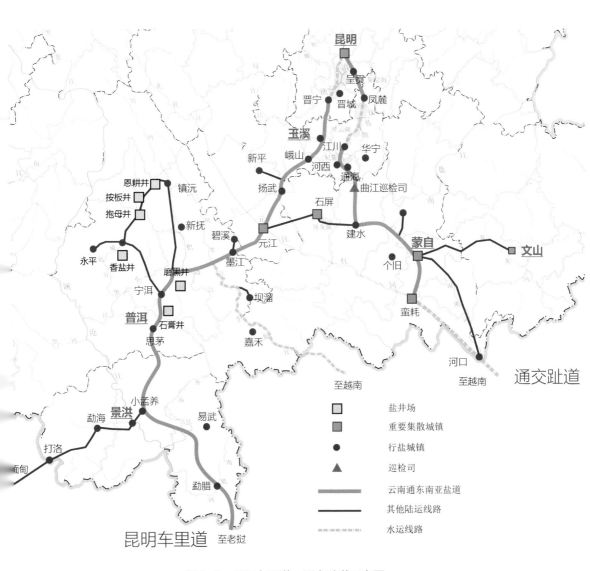

图2-9 昆明车里道、通交趾道示意图

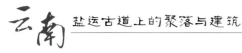

东南通老挝。该线路沿途分布有按板井、抱母井、恩耕井、香盐井、磨黑井、石膏井等井场，辐射普洱府及元江州、镇沅州各县。普洱府城内盐业贸易十分兴旺，辖内的思茅厅在清朝末期成为商埠并设有海关，是当时中国南部进出口贸易的重要陆路通商口岸。同时宁洱县的盐产量丰富，石膏井的盐经常要经由思茅转运至东南亚地区。

通交趾道也称安南道，是连接古代云南与越南的重要道路，自昆明向东南，利用滇池、抚仙湖、星云湖的水运条件，水陆并济，或经呈贡、凤麓至江川，或经呈贡、晋城到江川，继而经河西、通海、曲江巡检、建水到蒙自（图2-9）。蒙自设官仓，收存磨黑井场盐，所有销往边岸的食盐均需通过此仓抄发。且自光绪十五年（1889年）开辟为通商口岸后，蒙自成为进出口货物的重要集散地，商贸繁盛。蒙自向西南陆行58千米，经两三日就可到达蛮耗，改用红河水运。水运航行的最佳时期是秋冬季节，这时河水并不湍急，帆船一路顺风而行，经5日就可到达河口，然后入越南境内。在滇越铁路未开通时，缅甸的盐和货物进入云南多依赖红河，蛮耗、河口都是繁盛埠口，河运由边境土司经营管理。

第三章

云南盐运古道上的聚落

产盐聚落

      云南产盐聚落是资源型聚落，分布在靠近河流的峡谷盆地。清代，滇南盐业兴盛起来，与滇中、滇西盐业成三足鼎立的局面，产盐聚落的重心也随之发生南移。产盐聚落内的人口密集度高，耕地较少，产业相对单一，盐业政策、自然灾害等因素都能深刻影响到聚落的兴衰变迁。

一、产盐聚落的形成与变迁

（一）产盐聚落的形成过程

      早期云南地区先民逐盐而居，依靠本能挖坑积卤、泼炭成盐。盐是维持人类生命的重要物质，也能被用于储存食物，原始聚落因而逐渐在盐井地附近形成。随着云南制盐技术的提高，产能过剩使得食盐成为一般等价物，能够参与物资的交换。此时一部分人从农业生产中脱离出来，成为专业的盐工与灶户，"民皆煮卤代耕，男不耒耜，女不杼轴；富者出资，贫者食力，胥仰食于井"[①]，盐业生产逐渐向商品化、专业化、规模化过渡。采薪、汲卤、过滤、煎盐、运输等一系列的复杂工艺流程产生了大量的劳动力需求，而人背马驮的运输方式也使得人与畜长时间停留在盐井地，形成住宿、饮食等商贸需求，这使得产盐

[①] 方国瑜主编，徐闻德、木桥、郑志惠纂录校订：《云南史料丛刊》第 13 卷，云南大学出版社，2001 年，第 337 页。

聚落发生聚集效应，吸引更多的人口会集于此。诸如商贩、盐工、铁匠等，各种群体源源不断地涌入井场，推动了井场聚落建设规模的扩大，也带动了周边区域经济的发展。

（二）产盐聚落的南移变迁

1. 滇南盐井的大力开发

产盐聚落最初大都是依附盐井发展起来的村镇，盐井空间分布格局的变化对产盐聚落的变迁影响极大。自汉代"连然县有盐官"始，至明代设立四个提举司（黑井、白井、安宁井、五井），这一千多年间，云南盐井从数量到管理模式都发展得较为缓慢，盐井主要集中在滇中、滇西一带。

清初提举司设在黑井、白井、琅井三地，见于官方记载的正井仅有九处，基本沿承明代，滇南只有景东井一处盐场，其余是零星的土井，没有纳入国家管控范围内。然而在雍正年间，盐井数量激增，至道光四年（1824 年），盐井新增二十处，一半在滇南地区。乾隆五十八年（1793 年）开凿的石膏井，是云南最早开发的地下岩盐矿井。石膏井的盐工将岩盐制成高浓度卤水再行煎制，比之液态盐井，石膏井成盐多而稳定，效率高、品质好，极大地带动了滇南盐业发展。与此同时，琅井由于卤薄、味劣、薪贵等原因，产能跟不上，地位逐年下降。同治十三年（1874 年），云贵总督经过慎重考虑，将提举司由琅井场移驻石膏井场（图 3-1）。这一举措正式确立了滇南盐业的地位，打破了明代及以前云南的传统盐产地布局，形成滇中（黑井）、滇西（白井）、滇南（石膏井）三井鼎立的格局，滇南产盐聚落也进入了一个飞速发展期。

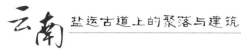

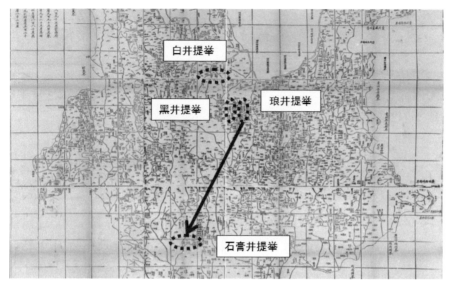

注：底图来自同治三年《云南全图》。

图 3-1　提举司移驻石膏井场示意图

2. 滇南汉族移民的大量涌入

云南大规模的汉族移民运动，自明代三屯制度建立和矿冶业兴起之时就已经出现。至清代，云南矿冶业已经十分繁荣，云南铜商的财富可比肩两淮盐商和广东洋商。江西、湖广等外省商贾和相关技术人员大量涌入滇南和滇东南的弧面地带，致使这一区域人口密度不断增加，进而引发食盐供应的短缺。滇南盐井的开发从某种意义上来说也是南部人口激增的必然结果。在此背景下，汉族移民为滇南的盐业发展提供了重要的劳动力支持，并进一步拓宽了食盐的销售市场。在滇南的产盐聚落中，许多汉族移民定居下来，与当地人民相互交流和融合，逐渐形成多元化的社会群体。

（三）水灾对产盐聚落的影响

两淮靠海煎海，滇地据山煮山，云南当地井盐生产与山、河的关系密不可分，对卤水和柴薪的依赖性很强。井盐开采常受自然灾害影响，一旦山洪暴发，不仅盐井被淹没，灶房、桥梁、民居、街道也皆被损坏。井志中常有"被水成灾""水灾岩崩""蛟蜃横发"之类的水灾记录，自乾隆时期起，云南盐区进入水灾高发期，其爆发间隔短，产盐聚落频遭毁坏。

水灾会导致卤水走失，引发盐井衰败，盐民则会放弃该处，产盐聚落的空间格局由此而改变。前文说过，卤水因地下河流冲刷盐矿层而成，为了取卤方便，盐井和灶房多位于河流附近的平坦开阔处，因而极易受到水患侵害。河水暴涨时，临河的井房、灶房、盐仓首当其冲，沿河而建的民居、庙宇、书院等建筑亦会受到威胁。洪水淹没盐井，造成卤水浓度降低，难以成盐。旧盐井无法生产，为了弥补盐课只能新开盐井。新开盐井周围的居住和商业设施会逐渐完善，从而在小范围内改变产盐聚落的空间格局。如黑井古镇的沙井开发后，建设东井龙祠、禹王宫，牵引龙川江西岸的聚落进一步向南发展（图3-2）。而复隆井修复无望封井后，大使署也随之裁撤，周边逐渐没落。

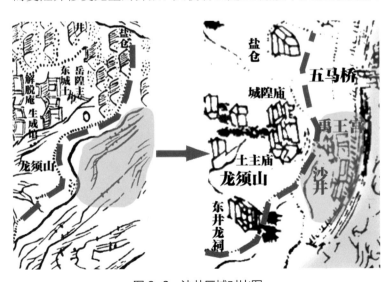

图3-2　沙井区域对比图

水灾过后，随着修桥补路的推进及一系列公益性慈善建筑的兴建，在恢复盐井生产的同时，产盐聚落的救助互助功能也得到了完善。产盐聚落因经济繁荣、重视教化，所以乐善好施之人众多。一方面，盐官带头捐俸，组织筹款修建因常年水患而屡遭破坏的桥梁、道路等交通设施，推动井盐运销尽快恢复正常。如清代黑井场的永济桥、惠远桥，白井场的新桥、迎风桥、镇川桥，琅井场的玉带桥等，都有官民捐资修建的记载。另一方面，盐区内众多盐商、灶户资助建设普济堂、养济院、养生房等公益性慈善建筑，积极施衣施粥、捐粮捐田，协助政府救灾。

二、产盐聚落的分布特征

云南盐井众多，集中分布在滇中、滇西、滇南三大盐区。由于财富的集中，这些盐井及周边区域经济发达，形成一系列的古城、古镇、古村落，保留着众多历史文化的痕迹（图3-3）。在云南盐井中，曾据以建置县城的就有安宁井、石羊井、黑井、按板井、啦井（喇鸡鸣井，今作啦井）、石膏井、宝丰井、石门井、抱母井等，其他的也曾盛极一时。

滇中地区的产盐聚落有安宁市、黑井镇、一平浪镇（元永井）、琅井村、阿井村、小井村（只旧井）等。其中，黑井镇在明清时期成为滇中地区的重要商贸枢纽，煮盐形成的烟雾飘荡在聚落上空长久不散，街衢洞达，肆市傍列，人口聚集，商业十分繁荣，当时远在昆明的滇剧名角也乐意在黑井古戏台上表演。而安宁市在唐代已经成为繁华市镇，"盐池鞅掌，利及群、欢。城邑绵延，势连戎僰……远近因依，闾阎栉比"[①]，

---

① 刘景毛、文明元、玉玕等：《新纂云南通志五》，云南人民出版社，2007年，第115页。

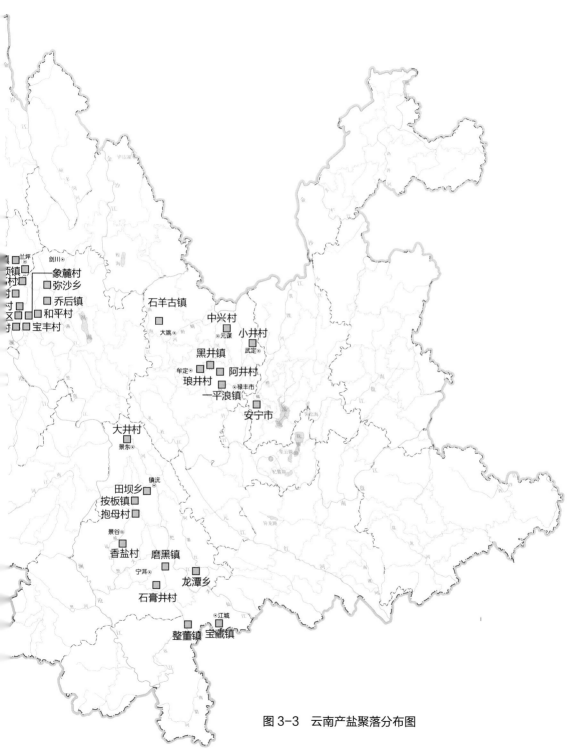

图 3-3 云南产盐聚落分布图

及至清代，安宁食盐产量减少，产盐聚落亦逐渐衰落。

滇西地区的产盐聚落有宝丰村、石门社区、顺荡村、诺邓村、和平村（天耳井）、象麓村（大井）、师井村、乔后镇、弥沙乡、啦井镇、金顶镇（丽江井）、箐门口村（老姆井）等。其中，石羊古镇是白井所在地，自唐代规模化凿井开发后，逐渐成为周边地区的商贸枢纽，商贩往来，车马辐辏，较附近州县更为繁盛。乔后镇自唐代开发后，同样商贾云集，灶烟冲霄久久不散。

滇南地区的产盐聚落有磨黑镇、石膏井村、整董镇（乌得井）、宝藏镇（勐野井）、龙潭乡（磨铺井）、田坝乡（恩耕井）、按板镇、大井村（景东井）、香盐村、抱母村等。磨黑镇在清代才发展起来，但食盐产量很快跃居全省第二的位置，带动自身及周边诸如蒙自等地区的发展。

产盐聚落的分布受井盐生产和运输这两个主导因素的影响。

（一）产盐聚落集中分布在盆地区域，两山夹峙，一水中流

云南虽有众多产盐聚落，但分布不均匀，成团状集中，其中，滇中、滇南地区的矿井集中在禄丰盆地、兰坪—思茅盆地及其周边地区。究其原因，与盐矿成因不无关系，盆地是盐类物质沉积的良好场所，湖水无法流出，盐类物质在盆地底部越积越多，在气候干燥炎热的情况下，蒸发沉积形成盐矿并不断下沉埋藏于地底。

地底的盐矿层经过长期的地下河流冲刷，在地下形成了盐卤，而有地下河处常有明河，因此在河流附近往往易于发现盐井。而河流也可以提供生产生活用水，有利于聚落的形成与发展。洱海区域的盐河——沘江发源于盐路山，由北向南流经云龙县的

顺荡井、诺邓井、金泉井等盐井后，在功果桥处汇入澜沧江。
而起源于无量山南延余脉的威远江由北向南亦流经景谷县的抱
母井、蛮卡井、新田井、香盐井、马家井、蛮宏井、蛮竹井、
蛮窖井等诸多盐井。通过古地图与航拍图，我们可以清晰地看
到河流从产盐聚落中穿行而过（图 3-4 至 3-6）。

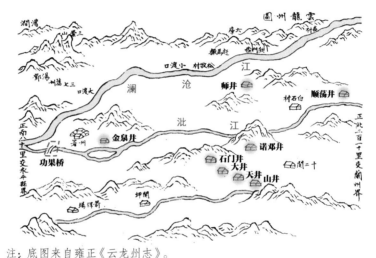

注：底图来自雍正《云龙州志》。

图 3-4 沘江沿线盐井分布图

注：底图来自道光《威远厅志》。

图 3-5 威远江沿线盐井分布图

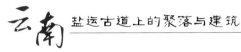

A. 黑井镇　　　　　　　　　　　　B. 石羊镇

图 3-6　邻近河流的产盐聚落

（二）产盐聚落多位于交通便利的驿道附近

　　云南地形崎岖，交通运输较为不便，井盐从产盐聚落运出后多销往附近区域，而驿道附近的产盐聚落交通便利，在运输上拥有着天然的优势，更容易形成以井场为中心的食盐贸易网络。在盐业经济的推动下，产盐聚落的官员、灶户不断捐资修建与外界联系的道路，而外界的米面、菜蔬、柴薪等物资随之源源不断地输入进来，极大地带动了井场周边地区的商业发展，形成了以盐业为主导的区域性经济体系。

三、产盐聚落的形态特征

　　云南产盐聚落的功能区构建围绕井盐生产而展开。盐产区作为聚落的主要功能空间，多位于近河岸的平坦开阔处，由井楼、灶房等组成，是盐业生产的核心区域。管理区是产盐聚落的中枢，管理区内分布着提举司署、盐课司大使署等盐业官署，起着监管和协调盐业生产的作用。仓储区分布着存储盐的锯盐仓、发盐仓、收发盐仓等，这些设施多邻近井楼而设，以便运输，或者设于盐业官署内以方便管理。灶户民居组团围绕生产空间分布，盐商宅居则不受限制，可以脱离盐产区而另辟他处，二者共同形成聚落的主体。

盐业贸易带来经济的繁荣，也推动了庙宇等祭祀建筑的发展。产盐聚落内的宗教空间十分突出，主要分为祈求盐业生产顺利的卤脉龙王庙等盐神庙宇建筑和寄托井场百姓精神信仰的儒释道等各类宗教庙宇建筑。在产盐聚落通往外界的要道上设有哨楼、盘盐厅等缉私建筑，防止私盐流出。这些功能空间构成了传统产盐聚落的独特形态，反映了云南盐业生产的特点和官府对井场的重视程度（图 3-7）。

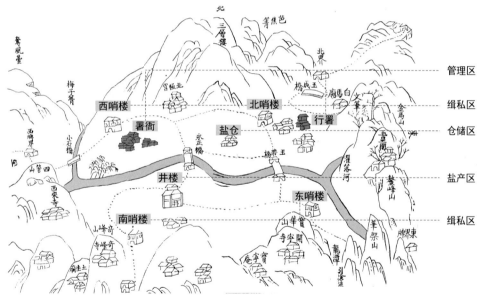

注：底图来自康熙《琅盐井志》。

图 3-7　清代琅盐井场图

随着井盐生产规模的不断扩大和产盐聚落的不断发展，井场的居住者不再局限于灶户、盐工和盐官，而是涵盖了多种类型的人群，包括采薪、打铁、制马鞍等相关产业的人员——煮盐需要大量柴薪，四份柴才可以煮出一份盐；铁锅易受卤水腐

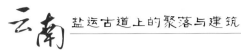

蚀，需要一月一换；运盐主要靠马帮，马鞍业因此长盛不衰。井盐资源所带来的聚集效应吸引着越来越多的人口，"慕盐井之利"而来的商人络绎不绝，使得盐场从单一的生产空间逐渐变成集生产、居住、管理、仓储、商业等多种功能空间于一身的复合空间。盐工、盐官、盐商在多种经营活动中建造了大量类型齐全的建筑，包括民居建筑、官署建筑、祭祀建筑、文教建筑、生产建筑，并且形成了一定规模的商业集市（表3-1）。

表3-1　井场各类建筑示例			
官署建筑	祭祀建筑	文教建筑	生产建筑
提举司署	东井龙祠	文庙	灶户
盐课司署	玉皇阁	书院	井楼

注：底图来自康熙《琅盐井志》等。

河道则是聚落发展的轴线，主街随河流方向延伸发展，是聚落中商业贸易、交通往来最为活跃的场所。两岸的街巷系统以主街为中轴呈织补状向四方延伸，连接着桥梁、公共建筑、民居及盐井等节点空间，这些空间共同构成产盐聚落最基本的空间组织形态。

1. 围绕盐井、灶房布置的分散型生活聚集区

聚落内功能布局混杂，以盐井、灶房为中心形成不同的分

散型生活聚集区，其功能完善、建置齐全。聚集区内的盐业生产加工独立运作，形成簇状的分散型生产格局。盐井位于靠近河岸的平坦开阔处，灶房、盐仓紧邻井楼，民房围绕生产空间布置，公共活动场所也随之呈点状在聚集区边缘出现。白井场所在的石羊古镇有观音、旧、乔、界、尾五个盐井的生活聚集区，黑井镇有东井、大井两处聚集区，抱母村则有头井、尾井、三井、四井等聚集区。

以石羊古镇为例，盐井沿着香水河分布于两岸，均位于河流弯道处较为宽阔的区域，河流蜿蜒将石羊古镇自然划分出五个以盐井为中心的聚集区（图3-8）。为方便管理，这五个聚集区被划作五个街坊。如前所述，每个坊区内的中心都是汲卤制盐的井楼和灶房，盐井周边为灶户们的居住空间，人口密集，街巷狭窄。随着聚落发展，坊内逐渐出现商业集市和礼制建筑。

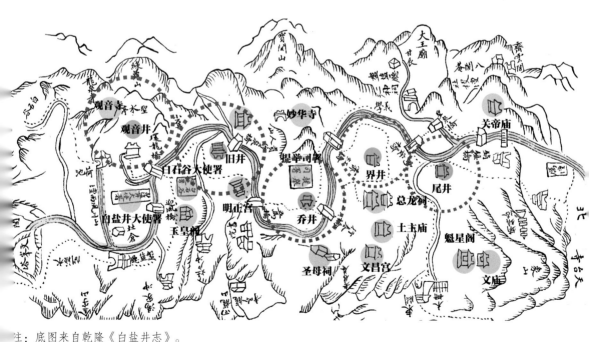

注：底图来自乾隆《白盐井志》。

图3-8　清代白井场（石羊古镇）的分散型生活聚集区示意图

2. 盐工带来的多元宗教信仰空间

制盐活动本身就需要大量劳动力投入生产，食盐的贸易流通所带来的财富也不断吸引着周边地区的人口会集于此，外地商人在盐场兴建会馆，如抱母井的石屏会馆、湖广会馆"寿佛寺"、江西会馆"万寿宫"（图3-9）。文化交流的频繁发生也让各类宗教信仰在产盐聚落中共生，佛教、道教、伊斯兰教及土主崇拜相继融合，寺、庙、庵、堂、阁、坛等各类宗教建筑在此兴建。以地方信仰为核心的祭祀建筑多位于镇内，满足井地人民不同的宗教信仰；而寺庙、道观多位于山上有盐道经过的地方，既可供当地居民朝拜，又能满足外来客商的精神信仰需要。与其他盐区不同，云南盐区产盐聚落的龙王庙统一祭祀盐井神——卤脉龙王，这也是清代受到礼部敕封、纳入国家祭祀体系中的三位盐业神祇之一。

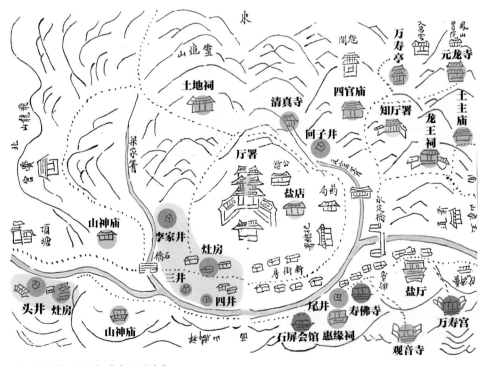

注：底图来自道光《威远厅志》。

图3-9　抱母井场的功能分区示意图

3. 以盐业官署建筑为聚落中心

盐业官署建筑有提举司署、盐课司大使署等，多设置在重要盐井与盐仓附近，便于对盐业生产的管理。盐业衙署因其特殊性，既位于生产中心，又是行政中心与经济中心的重合，吸引了大量居民聚集在周边，文教建筑、宗教建筑也多建于附近，聚集区组团自然壮大，成为聚落的核心区域。不同的行政等级带来的聚集效应有所不同，从黑井场盐业官署组团就可以明显看出，盐课司组团周围的祭祀建筑仅有南山庙、诸天阁、宝莲庵、德海寺四座，数量远不如提举司组团多，表明其人口规模亦应小于提举司组团（图3-10）。

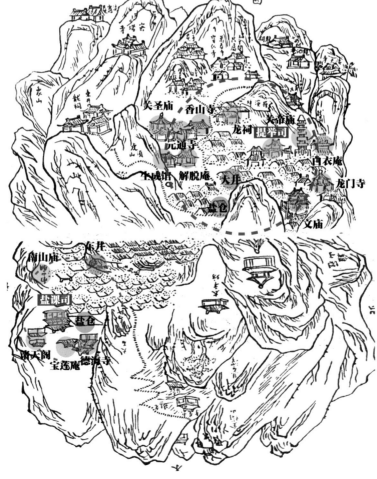

注：底图来自康熙《黑盐井志》。

图3-10　黑井场的盐业官署组团示意图

4. 盐卡盐哨形成缉私空间

食盐是国家战略物资，若私盐泛滥就会严重影响税收。由于产盐聚落多位于峡谷地带，四面山峦起伏，因此无法修建整齐划一的城墙，无城郭濠隍之卫。为了解决这一问题，人们巧妙利用山谷地形，在隘口设置盐卡盐哨并派驻士兵。这些盐卡盐哨不仅具有防御功能，而且也能防止私盐流出井场，成为产盐聚落和周边县域的分界点。

清代在琅井场设置哨楼、界牌共八处，东南西北各两个。白井场周围的盐卡盐哨更是多达十七处，东关在隘口土墙外还设置了一段栅栏，南面和西面的运盐要道上则建有盘盐厅，用于查验来往的盐商。复隆井远离镇区，在鸡冠山下，难于察私，于是建石城一座。城墙周长八百余米，里面建有大使署、灶房、卤池、盐仓和少量民房（表3-2）。

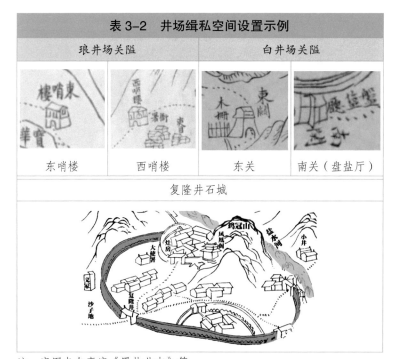

表3-2　井场缉私空间设置示例

琅井场关隘		白井场关隘	
东哨楼	西哨楼	东关	南关（盘盐厅）
复隆井石城			

注：底图来自嘉庆《黑盐井志》等。

四、代表性产盐聚落分析

目前，云南产盐聚落多数不再像过去一样大规模生产食盐，取而代之的是将滇盐历史转变为旅游文化资源，利用"古法制盐"等民俗活动吸引游客。旧时的盐业重镇绝大多数早已荣光不再，反而因地处偏僻而渐渐衰落，如今经济较为落后，仅留下一些零星的盐业遗存。甚至一些产盐聚落由于地质灾害和交通问题已无人居住，成为荒村，例如只旧井场分为上井和下井两区，前者只剩一片废墟，后者仅有几位老人居住，其他人已经搬迁至别处。

尽管如此，通过古今空间格局的对比，仍然可以发现一些一脉相承的地方，现在许多水道和街巷名称也可以在旧时舆图上找到印证。以石羊镇为例，该镇南北走向的主街划分为四段，依次是龙泉街、绿萝街、宝泉街、象岭街，多条小巷垂直于主街。当时的舆图显示，清代白井场及周边有龙泉寺、绿萝山、宝泉桥、象山等，这和如今石羊古镇老街的各段名称是一一对应的，而灶户冲和汤家冲的地名也一直延续至今（图3-11）。同样，在抱母村中，尽管盐业遗存不多，但威远江东西两岸的建筑组团位置与明清时期保持一致（图3-13）。

产盐聚落中的建筑遗存以祭祀建筑为主，不仅具有当地民族特色，而且建造工艺水平远超其他建筑。历史记载显示，黑井镇的寺、庙、庵、堂、阁、坛等宗教活动场所曾经达到75处，但现在只有大龙祠、飞来寺、莲峰寺、香山寺、真武山寺、诸天寺等（图3-12）。石羊镇中最引人注目的"七寺八阁九座庵"也仅剩圣泉寺、观音寺、文殊阁等（图3-11）。同样，琅井村祭祀建筑的遗存也仅有开宁寺、文昌宫、魁文阁、观音寺等（图3-14）。究其原因，它们多位于重要盐井或盐业衙署附近，在建设初期就较为重要。值得一提的是，文庙在这三个产盐聚落中都出现了，表明儒学在云南少数民族地区也曾较为流行。

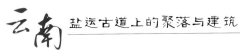

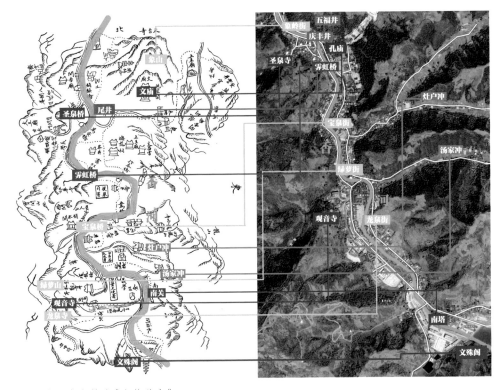

注：左图底图来自乾隆《白盐井志》。

图 3-11　石羊镇古今对比图

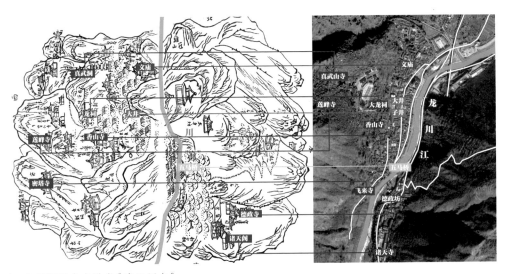

注：左图底图来自道光《威远厅志》。

图 3-12　黑井镇古今对比图

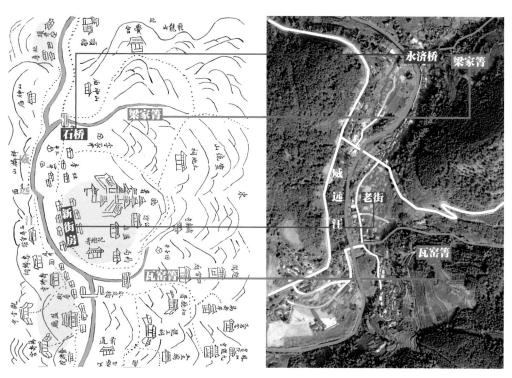

注：左图底图来自康熙《黑盐井志》。

图 3-13 抱母村古今对比图

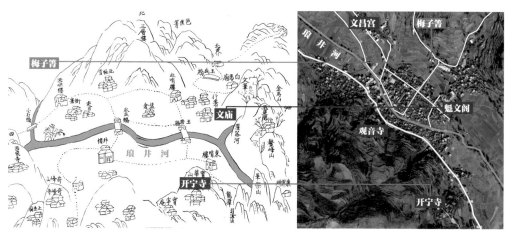

注：左图底图来自康熙《琅盐井志》。

图 3-14 琅井村古今对比图

（一）黑井古镇

黑井古镇位于"恐龙之乡"禄丰县西北部的龙川江峡谷之中，两岸的金泉山和玉碧山对峙而立，造就了黑井古镇南北长、东西短的整体形态特征。相传，彝族姑娘李阿召牧黑牛时，黑牛饮于池，从而发现卤水，人们遂凿黑井以汲卤制盐，李阿召被当地人立庙祭祀，奉为"盐水女龙王"。黑井产盐的历史可追溯到汉代。明代初年，设盐课提举司，黑井得到大规模开发。清代，黑井的卤水非常丰旺，黑井盐税在巅峰时期曾占据云南盐税的六成，当地是名副其实的"云南盐都"。

古镇在元代粗具规模，由于军队需要食盐，一批色目士兵进驻黑井，和当地彝人共同开发盐井，他们在龙川江东岸沿河修建了官署和五个街坊，以及沟通两岸的五马桥。明洪武年间，中央王朝对黑井的管控进一步加强，于此设盐课司大使和直隶于省的盐课提举，并且从应天府迁来 64 个灶丁，黑井古镇进入高速发展期，东岸五坊已显拥挤，受限于地形只好跨过龙川江开发西岸，逐步形成东五坊、西八坊，共十三坊的格局。明末匠籍政策稍稍放宽后，黑井设井学建文庙，儒家思想在黑井传播开来。

清代黑井古镇的街巷走势格局基本沿袭明代，不过为方便管理，将十三坊合并为六坊，西岸组团为龙泉、利润、上凤（一说中凤）、锦绣四坊，东岸组团为德政、安东二坊。黑井对外的驿道也发展到了六条，利润坊三官庙处通琅井，白衣庵下通小屯，上凤坊卡房处通大姚，锦绣坊石龙处通元谋，南山庙外通昆明，德政坊更口巷处通武定。每条驿道上都有众多运盐马帮往来，各种文化反复交流融合。建筑风格上，一颗印、三坊一照壁、重堂式等多元化的院落布局纷纷亮相，甚至还出现了一些西洋样式的大门；宗教信仰上，儒、佛、道可以供奉在一起。从清康熙年间绘制的《滇南盐法图》中可以看出，黑井主要的盐业生产活动是在西岸展开的，尤其是大井区域的建筑组团占据了画面中最明显的位置（图 3-15）。产盐聚落一切以盐业生产为重，卤水更丰沛

注：底图来自《滇南盐法图》。

图 3-15　清代的黑井古镇

的大井旁边设立了等级较高的提举司署,也吸引了大量的盐商、灶户在此修筑民居住宅和寺庙宫观,河流对岸与之相比就稍逊一筹。

现有的街巷格局为四街十八巷,东西两个片区都是沿龙川江呈带状展开,由平行于河道的主街和与主街垂直的小巷交织组成（图 3-16、图 3-17）。黑井一街在东片区,外来客商常在此逗留,街巷宽度约 2.5 米,随弯就曲,北端是地标性建筑"节孝总坊"。这座牌坊由黑、琅、元永三个井场的灶绅共同捐资修建,通体石筑,用的是当地特有的红砂石,造型庄重华美。经过五马桥进入西片区临河的二街,两侧分布着大量短面宽、长纵深的店铺,部分采用吊脚楼的形式直接架空于河道之上,米粮菜蔬多在此街售卖。黑井三街和四街原本是贯通的,后来因民居建设而被隔断,街道南起五马桥,中经古盐井,北至文庙（图 3-18）,其中,四街以前是柴薪市场,也是灶绅

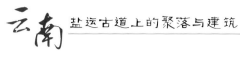
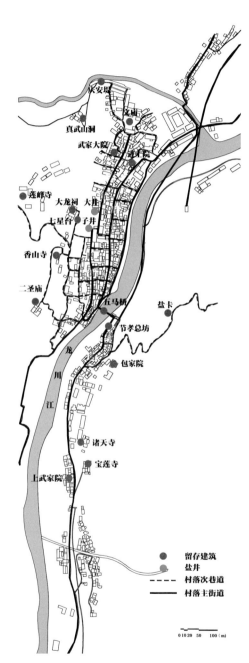

图 3-16　黑井古镇总平面图

图 3-17　沿河民居

图 3-18　黑井文庙

大户的主要分布区，黑井最大的盐商宅邸武家大院就在此处。巷道垂直于河道，由碎石铺砌，较为狭窄，多以姓氏命名，包括武、刘、丁、包、熊、梁、史、李等姓。

笔者去调研时，黑井古镇许多建筑已经古风不存。虽然几座文物保护建筑得到妥善修复，但是一些新建商铺拙劣的"传统风貌"模仿以及部分当地民居未加引导的翻新重修都造成了古镇风貌上的不协调，加剧了传统和现代的割裂之感。作为云南千年盐都的黑井古镇不应如此，亟待有关部门加以合理的规划设计和观念引导。

（二）石羊古镇

石羊古镇是历史上白井的所在地，位于大姚县西北部的高山峡谷中。与黑井古镇类似，也是"两山夹峙，一水中流"的典型产盐聚落形态。香水河自东南往西北穿过古镇，东岸回龙山、西岸绿萝山、北岸象山，如同屏障将石羊古镇环抱其中。旧时这里地狭人稠，几乎没有农田，只能以卤代耕。其产盐历史悠久，相传唐天宝年间，洞庭君爱女牧羊于此，有白羊舔舐土壤，怎么驱赶都不走，人们因而在此发现盐矿。明清时期，白井的盐产量达到云南盐总产量的四分之一，聚落建设也达到极盛，修建了盐课提举司署、盐课司大使署和巡检司署等一系列用于管理盐业生产的官署建筑。

从《滇南盐法图》中可以看到清康熙年间石羊古镇的大致空间形态（图3-19）。香水河蜿蜒曲折穿境而过，五个生产组团都位于河道弯曲处的开阔地带，且多位于三面抱水的凸岸区域，不易受到河流冲刷侵蚀。两侧山坡上分布着寺庙宫观等祭祀建筑，山坡凹陷处布有卡房隘口，河流上架起一座座有屋

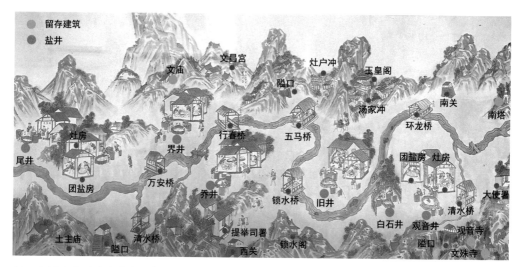

注：底图来自《滇南盐法图》。

图 3-19　清代的石羊古镇

顶的风雨桥，近岸的盐井周围环绕着灶房和团盐房 ①，提举司署位于随河流延伸的聚落的中间区域。尽管画面中对民居的刻画不多，但是不难想象灶户环井而居的生活场景，街随井走，卤水资源的分布直接决定了聚落空间的形态特征。

1961 年，石羊古镇遭遇特大水灾，香水河上游的水库决堤，洪峰过境，千年古镇处于一片泽国之中，河道上的 16 座古桥瞬间被冲走，沿河两岸的 2000 多间民居建筑被冲毁，市政设施完全瘫痪，给古镇的文化风貌带来毁灭性打击。灾后，政府逐年拨款修复，将"九曲香河"改直，在原有街巷格局的基础上将街巷拓宽，西岸的部分街道承担了公路功能。

目前东西两岸各有一条贯穿南北的主街，都随河流走向延伸（图 3-20）。东片区的主街是在明清传统街巷的基础上发

---

① 团盐，白井制盐工序中的特殊做法，将结晶快成型的盐卤挤出多余水分，方便快速成盐。

展而来的，自南向北依次是龙泉街、绿萝街、宝泉街、象岭街，两侧形成"河—房—街—房—山"的空间模式（图3-21、图3-22）。西片区主街是临河的祥姚公路，不具备传统街巷的近人尺度和隐秘安全感，多数路段只有靠近山体那侧有民居，无法形成前街后河的水乡情境。主街之外是东西向的"丁"字形巷道，顺着山势逐渐抬高，民居也逐级抬升，形成高低错落的

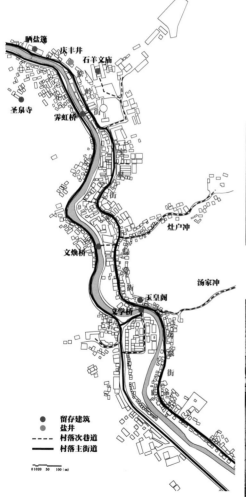

图 3-20　石羊古镇总平面图

图 3-21　象岭街

图 3-22　香水河河道

空间层级。遗存的祭祀建筑多位于半山腰或地势偏高的山脚，其中以石羊文庙最为著名（图 3-23）。文庙建于明洪武年间，自此白井学风大兴，清康熙年间盐官郑山组织扩建并铸成重达2 吨的孔子铜像，这也是现今我国唯一保存完好的孔子铜像。历史上的石羊文庙为颇具规模的"左学右庙"格局，左侧有朱子阁、井学书院，右侧为簧学馆、明伦堂、魁星阁、苍圣宫。目前除了井学书院不存，其他建筑都已陆续按原有格局重建。

可惜的是，笔者去调研时，石羊古镇中无论居民还是游客均寥寥无几。古镇传统风貌的营造还有所欠缺，混凝土框架结构加上临街外立面表皮的木结构装饰并没能突显历史的底蕴，旅游产业转型的道路还很漫长。

图 3-23　石羊文庙

运盐聚落

　　云南盐区的运盐聚落是商贸型聚落，分布在滇盐古道沿线。运盐聚落的发展与繁荣是多方面因素综合的结果，其中盐运线路贯通和食盐贸易的发展是推动聚落兴盛的关键因素。位于线路中段的小型聚落从自给自足的农业聚落向接纳四方商旅的商业聚落转变，而位于转运节点的大型聚落也因其便利的地理位置和通达性迅速发展成为商业重镇。

一、运盐聚落的形成与变迁

　　盐是人体所必需的物质，不能长期中断摄入，因此食盐有十分巨大的消费市场，"十家之聚，必有米盐之市"，但并非每个聚落都能够自行生产食盐。为了满足人们对食盐的需求，盐产地和盐销地之间形成了复杂的运输网络，盐的供应和价格直接关系到人民的生计和社会的稳定。围绕盐业运输活动，盐运线路沿线兴起一批商贸型的运盐聚落，逐渐成为食盐的储存、转运和销售的中心。一些当地居民从原本的行业中脱离出来，开始从事食盐运输相关的经济活动。虽然对于一些大型聚落来说，盐业经济并非其形成发展的主导因素，但是盐商资本的介入加快了聚落经济规模的扩大，同时也会部分改变聚落的空间格局。如开满一整条盐店巷的盐铺，在满足交易、存储功能的同时需要兼顾防潮。又比如外地盐商兴建宅居所带来的异地建筑文化，也会被周围的民居所移植。

二、运盐聚落的分布特征

在云南，盐运方式以陆路运输为主，水路运输为辅。运盐聚落分布在滇盐运输沿线，与食盐商贸活动紧密相关。云南出产优质马匹，这些马具有较强的负重能力和耐力，擅长穿越崎岖山路。运盐马帮穿梭在盐产地与盐销地之间的山山水水中，每日行进 15～30 千米，所以在运输线路上每隔一段距离必定会出现可供马帮卸货休憩的场所，他们常能带动所属聚落成为盐运集散节点——这是食盐商贸活动深刻影响聚落发展的主要形式。

（一）分布在运道交叉处

运盐聚落基本依托于各大主干道建设，运道交叉处四方辐辏，更容易出现转运枢纽聚落。陆路运输网络细化如同血管，四通八达，甲到乙、乙到丙、丙到甲皆可达，也有主道和支道之别，运道交叉可形成主道与主道、主道与支道、支道与支道三种交叉点，其转运集散能力依次降低。第一类主道和主道交汇处的商业都会城市以大理和昆明最具代表性，它们使得云南运盐聚落体系呈现双中心放射状的空间格局形态，然而实际当中因其产业形态多样，盐运经济活动对其影响有限，也非其城镇建设发展的主导因素。

第二类主道与支道交汇处的城镇是次级销售网络的起点，为较大的转运枢纽，盐商运盐至此，再经此将盐销往周边州县。譬如元江县城是从思茅北上昆明和往滇东南石屏等地的分叉口，历来是磨黑井盐转运流通之地，盐茶之商，"驮运舟载而至者，辐辏于市埠焉"。元江商人将本地所产的稻谷驮运至磨黑，再将磨黑井盐驮运至元江县东门街盐店，由此转运至石屏、建水、蒙自等地，元江县盐运繁荣，商铺林立。

第三类支道与支道交汇处的村镇规模体量较小，多位于区域性的盐道上，是次级运输网络的集散点。以营盘镇为例，因位于东西向（滇西腹地通往怒江）和南北向（保山通往维西直至西藏）两条支道的交叉口，逐渐成为兰坪盐马古道上的次级集散枢纽（图 3-24）。营盘镇是喇鸡鸣井（即拉井）

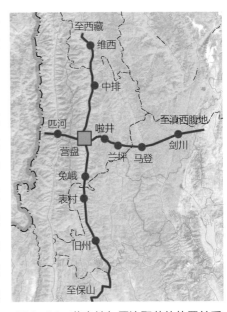

图 3-24　营盘镇与周边聚落的位置关系

盐销往外界的必经之地，保山人驮来洋布，怒江人背来药材，再纷纷从这里运走食盐。由于外地商帮的不断涌入，光绪年间营盘镇已经成为一个颇具规模的盐运集散地，店铺林立，逐渐形成长 200 米、宽 4 米的"丁"字形石板街道，直至民国时期营盘镇都是兰坪县境内非常繁荣的商业交易场地，往来商贩络绎不绝。

（二）分布在井场附近的平坦坝区

因陆运方式耗时久、脚价贵，滇盐实行就近行销的运销原则。运输网络以井场为起点，辐射周围城镇，距离较近的几个井场组合在一起，辐射能力会更强。而盐井多处在高山峡谷中，发展空间和集散能力有限，故井场附近的平坦坝区必然会出现较大的运盐聚落，如剑川县沙溪古镇、镇沅县振太古镇等，都是依托周边盐井发展起来的。

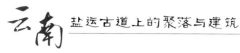

云南 盐运古道上的聚落与建筑

沙溪古镇位于平坦开阔的沙溪坝子上，坐落在黑潓江畔，附近有直线距离18千米左右的弥沙井以及直线距离25千米左右的乔后井（图3-25）。这两个井场都较为狭小，不利于大批马帮集散，而南北贯通的沙溪古镇自唐代弥沙井开凿伊始，就自然成为大理至丽江盐马古道上的转运枢纽重镇。

图3-25　沙溪古镇与盐井位置关系

振太古镇历史上也叫太和镇，距离抱母井、按板井、恩耕井都很近，向北沿澜沧江东岸可进入景东、大理，往南可经景谷、宁洱至东南亚地区。在古镇南侧有座建于光绪年间的"难搭桥"，昔日振太马帮经此驮运附近井盐至小景谷一带贩卖。该桥坐落在景谷河上游，为单孔石拱桥，跨度达10米，凌空飞架在山势陡峻的悬崖峭壁上，甚为壮观。由于盐茶贸易的兴盛，古镇传统民居也颇为精美，门窗、梁枋均雕有龙、凤、狮及花卉纹，山墙上也绘有龙、花卉等图案。

（三）分布在盐卡关隘处

部分运盐聚落是从盐卡关隘发展而来的，多处于大山之中，由守关征收盐税的官兵兴建，由于地理位置重要程度的不同，聚落体量也大小不一。弥沙井盐卡马坪关、黑井盐卡沙矣旧关等是仅有几十户人家的自然村落；禄丰炼象关因滇中四井的转运盐号均设置在此处，便有了"万马归槽，天下盐仓"的繁荣景象，甚至在明清时期还修建了城郭、关楼和大量的公共性建筑，逐步向城市型聚落发展，与此类似的还有昭通豆沙关、宣威可渡关等。

马坪关距离弥沙井仅 9.7 千米，自元代起设置在沙溪古镇西南方向的崇山峻岭中，是个专收盐税的盐卡，同时兼具哨所、驿站的作用，成为过往运盐马帮客商休息歇脚的地方，后渐渐发展为村落。马坪关村四面环山，较为闭塞，村内道路和村外的盐马古道都十分狭窄，2015 年才建设了通往沙溪古镇的宽 5 米的泥路，然而正因为它发展的滞后性，马坪关才能成为沙溪四卡中唯一保存至今的古代盐卡，古建筑遗迹也较多，本主庙、魁星阁、古戏台、关风桥、古民居等记录着它曾经的繁荣。马坪关村的传统民居多为木质穿斗式结构，坡屋顶，一层泥砖墙体，外侧用橙红色泥土涂抹，基础厚重，下宽上窄，窗户靠近外墙内侧；二层半开放圆木墙体，出檐多，隔热而通风，适应气候环境。关风桥建于清嘉庆年间，架在山涧之上，是马坪关村去往弥沙井必经的单孔石拱桥，形似侗族风雨桥，长 12 米，宽 3.3 米，桥上建有瓦屋长廊，翼角飞扬，两侧有木椅供行人休息。

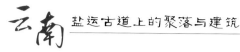

（四）分布在水路转运节点

云南地区的大部分河流通航性较差，几乎无法通行船只，一些河流只是在涨水时可通行小船。但是部分湖泊具有一定的通航条件。因水运优于陆运，为了节省人力物力成本，盐商们在适宜条件下会尽可能选水路运输，这就需要运盐马帮在水运码头处装卸食盐。水陆转运使码头产生劳动力需求，周围的居民逐渐从原本所从事的行业中脱离出来，聚集在这些水路转运节点，加速了当地的经济和社会发展转型，最终形成了一个个繁荣的城镇。滇中各盐井所产出的食盐先运输到昆明省店，再经滇池航运至昆明的呈贡、晋宁、昆阳等沿湖地区；乔后井盐则经陆路运输到大理大关，再由商船经洱海航运至喜洲、下关等地；石屏到建水的运输则可以通过异龙湖航运，大大缩短了行程。

三、运盐聚落的形态

（一）依盐马古道线性发展

部分运盐聚落规模体量较小，盐业运输是其经济发展中最为重要的驱动因素。这些聚落通常沿着盐马古道线性发展，最大限度地利用盐路。盐马古道即其商业街主轴，周围则有许多垂直于主街的巷子，形成了"鱼骨状"的带状空间。每当运盐马帮等货运队伍到达聚落后，就会在马店或行会进行短暂修整和售卖，带动商业街巷的繁荣。这种围绕盐马古道发展出来的线性鱼骨状空间形态是云南盐区运盐聚落最为普遍的形态。

以禄丰县炼象关村为例，明洪武年间，因屯堡制度建城，时称"迤西第三关"，是楚雄府五个井场的食盐运往昆明省店的必经之地。康熙《楚雄府志》中载："黑井、琅井、阿陋猴井所产，俱系商人运赴迤东云、曲、临、澄各府发卖。"这说明炼象关在历史上曾是云南盐业的重要转运驿站，吸引了大量的运盐马帮。聚落主街道贯穿全村，宽约 3 米，长约 750 米，串接起五座关楼，沿途设有盐仓督销局以及八家盐号盐铺，中间没有明显的广场空间，只有五座关楼（门楼）可供行人稍稍驻足（图 3-26）。督销局现已改作民居，四合院形制，阁楼相互连通，门梁雕花样式丰富。村内保存较为完好的宜兴隆盐号位于入口关楼处，为底仓楼寝式店宅民居，一层充当盐仓及马厩，二层充当主人宅居及客房。巷道犹如鱼骨往主街两侧延

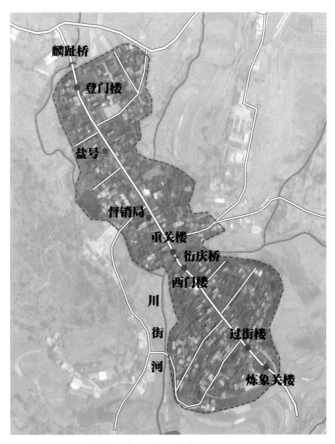

图 3-26 炼象关村街巷示意图

伸，导致民居间距很小，纵深较长，部分可达百米，主要的建筑材料原来为滇中特有的红褐色夯土，新农村建设中部分立面变为白色。

　　再比如盐津县的豆沙关镇，又称"石门关"，地处咽喉要地，秦开五尺道、汉筑南夷道均经此处，是古时由蜀入滇的第一关（图 3-27）。川盐运至盐井渡（今盐津）后，卸船转陆运到豆沙关镇。盐茶、马匹、丝绸、铜铁在这里会聚，商业往来极为频繁。历史上，该地既有外省客商建造的川主庙、江西庙、湖广庙等盐业会馆，也有各类马店客栈，热闹异常。由古道发展而来的商业主街呈东西向，横穿整个聚落，两端入口处是不同造型的牌坊（虎踞坊和腾龙坊）（图 3-28）。沿街店铺林立，受到川南传统建筑风格的影响，山墙面外露梁柱结构。古老的豆沙街市毁于 2006 年的一场地震，如今的豆沙关古镇是重新规划修建的（图 3-29）。沿着青石板铺设的街道，两边是古式牌楼，雕梁画栋，整体上再现了地震前的古镇风貌。虽说如此，但古镇的损毁仍令人惋惜。目前豆沙镇关还存有一段秦五尺道，至今都还是当地人往来市集的要道（图 3-30）。这段

图 3-27　石门关

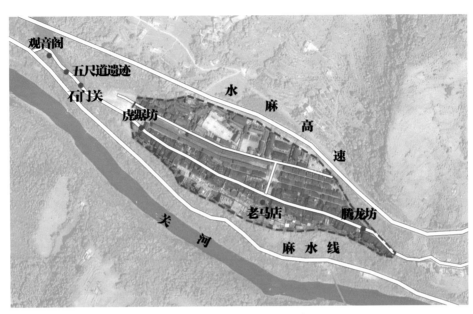

图 3-28 豆沙关镇街巷示意图

图 3-29 豆沙关古镇鸟瞰

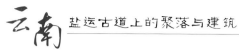

图 3-30　五尺道遗迹

　　残存的五尺道遗迹约三百五十米，在峭壁之上曲折延伸，青石阶高低不一，石阶上两百多个深深的马蹄印清晰可辨，在这里似乎仍能看到往昔马帮来来往往的身影。

　　又比如祥云县云南驿村，该村位于大理东部边缘区域，是中原文化传入滇西的桥头堡，也是白井盐运往滇西的重要节点。盐运古道沿东西方向穿村而过，现在是天云路的一部分，石板铺砌的路面仍留有马蹄足迹（图3-31）。白井盐业旺盛的时期，盐商马帮络绎不绝，每天经过该处的马匹数量上千，商人向西驮运食盐，再购回皮革和药材。历史上本地的钱家、李家就经营着运盐马帮。这条盐运古道发展成为聚落最重要的商业街巷，沿途分布着二三十家马店客栈以及众多寺庙会馆等公共建筑（图3-32）。在官办大马店西侧有一过街楼，单檐歇山顶，一层架空，二层有更钟，为古街上的重要节点空间。临街商铺多是两层，底部有木质铺台凸出墙体。各店铺排列非常紧密，以封火墙分隔，几组之间才设一狭窄巷道延伸入聚落边缘。整个聚落民居主体的颜色是土坯黄，外墙开窗很少。如李家大院外墙表皮脱落比较严重，露出里面的夯土砖墙、条石基座，大门为有厦式三叠水牌楼（图3-33）。一般大理传统民居建筑中，大门会开在照壁两侧，但是李家大院的大门却正对照壁，这是由于主街道上的建筑面宽小、纵深长，导致照壁两侧的院墙宽度不足以开设大门。

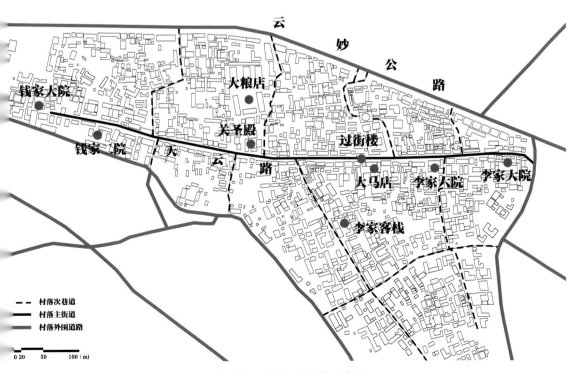

图3-31 云南驿村街巷示意图

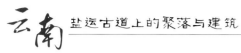

图 3-32　云南驿村主街航拍图

图 3-33　李家大院

（二）以盐运码头为中心辐射发展

在一些中转能力较强的运盐聚落中，由于盐商大量聚集，当地商业繁荣，人口密度较高，相对于沿着盐马古道线性发展的小型运盐聚落，其规模更大，街巷网络更加复杂。这些运盐聚落商业贸易的核心区域是陆运码头——四方街集市广场。作为食盐和其他商品的交易场所，四方街广泛分布在滇西盐运古道上。四方街的初始形态是临时性的露天街市，来往客商众多，逐渐有坐商在周围建设永久性店铺，形成固定的集市空间。运盐聚落发展过程中，一般由四方街延伸出主要街道，继而发展支巷，道路规划比较灵活自由。四方街在运盐聚落中的地理区位分布主要有两种情况：第一种是由于聚落外河流或者驿道的吸引而偏向边缘一侧，例如沙溪古镇和束河古镇；第二种是位于运盐聚落的中心区域，例如喜洲古镇。

沙溪四方街又称寺登街，位于古镇的东南方向，紧邻黑潓江（图3-34）。由于弥沙、乔后盐井的辐射影响，沙溪四方街成为以盐茶贸易为主的集散中心。寺登街名称中的"寺"指兴教寺，为佛教密宗阿吒力教寺院，南来北往的各族运盐马帮经常会在此参拜，祈求沿途顺利、生意兴隆。沙溪四方街整体近似梯形，南北长，东西短，延伸出的东巷以及南、北古宗巷（因藏族古宗马帮经此运盐较多而得名）三条主要道路深入聚落内部。兴教寺就位于四方街的西面，一座两层高、悬山顶筒瓦屋面的过街山门成为街与寺的过渡空间。兴教寺山门正前方是阁楼式的三重檐古戏台，为古镇制高点（图3-35）。寺院与古戏台形成良好的视觉对景，连同四方街统一组合而成的空间场所，既可以经商做买卖，也可以求神拜佛，还可以听曲唱戏（图3-36）。兴教寺、古戏台连接而成的中轴线也将四方街广场分割为南、北集市。旧时南、北集市功能稍有不同，南集市以盐巴、农特产品售卖为主，北集市以茶叶、丝绸售卖为主。如今四方街北侧现存民国时期洱源盐商修建的老马店客栈，前铺后院，因周围都是店宅，用地并不规整，正房坐北朝南，三个院落交错咬合，留出尽量多的空间用于开店。除了老马店、兴教

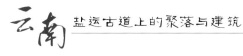

图 3-34　沙溪四方街平面与航拍图

图 3-35　古戏台　　　　　　图 3-36　四方街广场空间

寺、古戏台这三个大体量的建筑，其他的都是传统店铺式民居，高度约六米，立面门窗形式统一，共用屋顶、披檐，以封火墙分隔各单体店铺。如今这些店铺大多经营服务于游客的文旅商业，诸如咖啡馆、奶茶店、素斋房等。广场中间有三棵槐树，其中两棵树龄已逾百年。地面使用滇西特有的石材——红砂石板铺成，历经岁月洗礼，其已与周围环境融为一体，仿若天成。

　　束河古镇位于丽江古城西北方向约 8 千米处，由于青龙河和旧时驿道青龙路的吸引，四方街位于古镇西北方向，长约 33 米，宽约 27 米，空间大致呈梯形，辐射延伸出通向聚落内部的中和路、龙泉路、清泉路（图 3-37）。周边都是纳西族

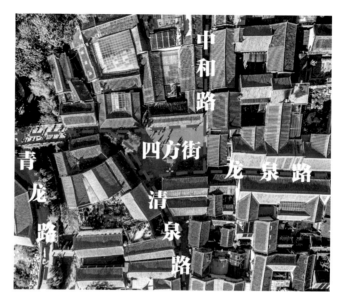

图 3-37　束河古镇四方街

民居或者商铺，没有戏台、寺院、牌坊一类的标志性节点建筑，行人一般不会过多停留。

喜洲古镇处在水运线路（市坪街通往洱海）和陆运线路（迪庆州通往大理）的交汇处，是滇西盐马古道上的重要集散点，运往大理的井盐多数要经过此地。四方街位于喜洲古镇的中间核心位置，形状不规则，最长处 58 米，最宽处 33 米，向周边辐射延伸出五条主要道路（图 3-38）。题名坊位于四方街的中心，通体石筑，立在约 1.5 米高的石质基座上，起到引导视线的作用，也将四方街集市广场分为东西两部分（图 3-39）。市坪街入口处有翰林坊，石质坊柱，翘角飞檐下是层层叠叠的装饰性斗拱，展现了喜洲文风的盛行（图 3-40）。在四方街与富春里的交汇处，有一座重要的盐商宅居——严家大院，后文有详细的分析。

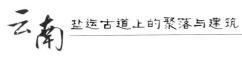

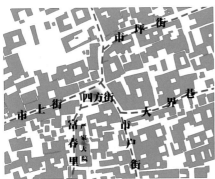

图 3-38　喜洲四方街平面与航拍图

图 3-39　题名坊

图 3-40　翰林坊

（三）以盐店巷为重要商业空间

本书所述的盐店巷是一类统称，指的是与盐业贸易相关的街巷，包括盐店街、盐行街等。盐店巷的商铺主要经营食盐买卖，盐商在此建起货栈与盐店，供应当地居民和下级销售市场。因此，盐店巷多出现在府城、县城等大型城市聚落中。而盐业经济在这些聚落中并不起主导作用，对其内部规划影响有限。盐店巷在运盐聚落中的地理区位分布主要有两种情况：第一种是位于城外的关厢地带，以昆明为代表；第二种是位于城内且靠近城门的一侧，以巍山古城、通海古城、元江古城的盐店巷为代表。

昆明古城中与盐业贸易相关的街巷有两条，分别是位于东关厢的盐行街（今拓东路）和位于南关厢的盐店街（图3-41）。盐行街位于得胜桥东面，是昆明去往滇东曲靖、广西等府的重要道路，盐业会馆盐隆祠建在这里。盐店街则靠近丽正门，府城总盐店设立在此，与位于城南的盐道署距离十分相近，民国初年改称崇仁街。整条街道长500米左右，以青石板铺设，来自楚雄黑井以及昆明本地的盐商们纷纷在此处买地置业，街巷两侧的盐铺鳞次栉比，与同样盐商辐辏的盐行街遥相呼应，进一步推动昆明东、南关厢成为列肆环绕之地。然而随着城市的发展，盐道署、盐店铺和城墙城门已经不复存在。

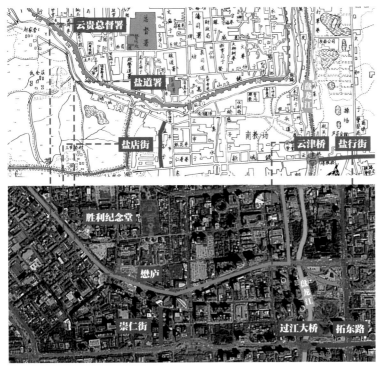

注：上图底图来自《清末昆明街道图》。

图3-41　昆明城南盐业相关遗迹古今对比图

　　元江古城位于云南红河州，是滇南磨黑井盐转运流通之地。北宋时期，那氏土司筑城于元江之畔，取名"步头"，意为水边之城。旧时城墙周长九里，高达两丈，拱形城门采用石条建造。受河道地势影响，南北狭长，西城墙凹入，东城墙凸出，整个城市形状宛如肾脏（图3-42）。东门街是元江古城的重要商业街区，其发展得益于盐业运输。县城盐店设立在东门街上，靠近城东的迎恩门，方便盐商快速通过城区和元江渡口。外地的马帮客商也经常留宿在东门街一带，为当地商业发展注入了新的活力。整条街道都是盐店、杂货店和马店客栈，商铺的兴盛与盐业运输的繁荣有着密不可分的关系。现在古城的传统街巷痕迹已经几不可见了。

注：左图底图来自《元江县城街市图》。

图 3-42　元江街巷古今对比

　　巍山古城位于大理州南部，也称蒙化城，是清代景东井盐的主要销地。据历史记载，元代大理段氏在此建造土城，经过明清时期的改造和扩建形成现有的古城规模和风貌。古城内道路平直，形如棋盘，以北街和南街为商业轴线（图 3-43）。盐店巷长约 240 米，位于古城东南，因明代盐店集中在此而得名。盐店巷北段尽头有一座传统的"四合五天井"民居院落，土坯砖墙，建筑朝向非正南正北，而是中轴线偏西 15 度，以达到最好的采光效果，这也是古城大多数民居的朝向。盐店巷南端现有为民小学，其历史可追溯至康熙年间蒙化同知捐资改建的育德书社，目前整个小学除了入口空间都是现代建筑的风貌。

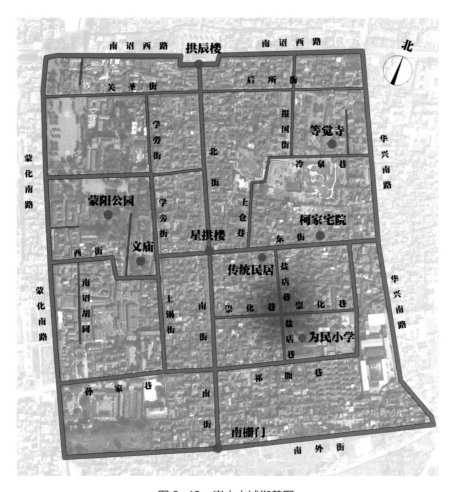

图 3-43 巍山古城街巷图

通海古城位于玉溪市东南部，坐北向南，背靠秀山，面迎杞麓湖，自古以来就是南下交趾（越南）、北进滇中的重要交通枢纽，昆明省仓的官盐多由此进入滇南建水、蒙自等地。通海古城由"御城"和"县城"两部分组成，御城为军事守卫之用，县城则为聚民防盗之用，二者之间的分界线为文昌街—财神街（图 3-44）。御城内以聚奎阁为中心，向东南西北四个方向延伸街道，呈近似正方形的九宫格布局形态，街巷尺度宜

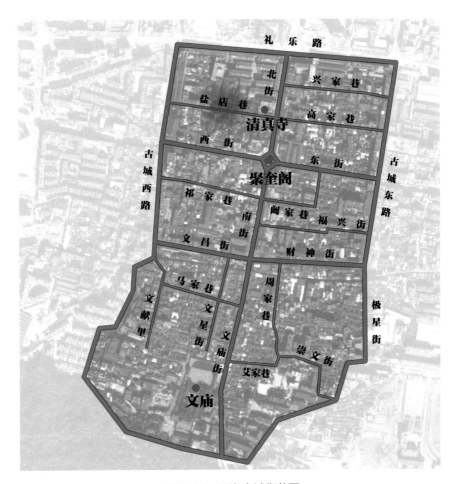

图 3-44 通海古城街巷图

人，有明显的南北中轴线和标志性建筑，利于行人识别游走。
县城街巷更为灵活自由，文庙街直接与御城中轴南北街相连。
盐店巷长约 240 米，位于御城的西北隅，邻近商业主轴线北街。
尽管现今巷内两侧商铺已不复当时面貌，但盐店巷仍旧被视为
通海古城的重要传统街巷。在盐店巷内，可以看到清真寺和耶
稣堂（建于清宣统年间），这也证明了当时盐店巷的繁华以及
文化交融的情况。

四、代表性运盐聚落分析

随着近代交通体系的建设，公路、铁路相继出现，滇盐运输的方式与线路也发生改变，运输不再费时费力，马帮逐渐退出历史舞台，盐马古道上许多供运盐马帮卸货歇脚的聚落也逐渐衰败，原有的商业模式难以维系。在此背景下，曾经的运盐聚落大致有以下三种转变方向。

（1）因交通顺达而延续荣光。对于大型运盐聚落而言，其在古代本就处于交通便利之地，盐业经济并不是其发展的主导因素，云南盐业的衰落对其影响不大。因为高速公路、铁路的兴建，这些聚落自然可以延续荣光，甚至凭借其他商机蓬勃发展，如滇黔古盐道上的曲靖、宣威等，由于三线建设项目——贵昆铁路的落成，迅速发展成为重要的现代新兴城市。

（2）因交通不便而衰败没落。部分现代交通公路走向虽然大致与古代云南的盐运线路一致，但并非完全重合，原本位于盐运古道上的部分聚落与新建的现代交通道路间可能存在一定距离，如与现代公路相距不过百米的豆沙关镇，与昆楚老公路相距两千米的炼象关村，以及一些与公路和铁路都相隔甚远的盐业古村镇。这些小型运盐聚落本就地处山区，一旦交通路线发生变化，使其丧失往日的交通优势，昔日辉煌便难以重现，居民自然大量流失，转型旅游村镇也是困难重重。

（3）因水利建设而迁移重建。部分运盐聚落邻近河流，随着大型水利基础设施的建设，库区所在的村镇必须迁移，异地建设，位于滇桂孔道的剥隘古镇是个典型例子。剥隘是右江航运的起点，也是马帮运输的终点和回程的起点，清代此地设有用来稽查入滇粤盐的验秤处，商号达百家，店铺鳞次栉比。2006年由于百色水利枢纽工程的建成，古镇已淹没在库区下，大码头、江西会馆、粤东会馆等古建筑虽在新址恢复重建，但传统聚落的空间形态和功能结构已不复存在。

（一）沙溪古镇

沙溪古镇位于剑川县西南部的坝子之中，坐落在黑潓江畔，四周山峦起伏，景色秀美（图3-45）。自唐代至民国时期，这里一直是以白族为主要居民的富饶之地，也是滇藏盐马古道上重要的井盐集散地。随着现代交通体系的发展，古镇逐渐淡出人们的视线，但古镇也因此免于现代文明的冲击，戏台、马店、寺庙、寨门、四方街才得以保存完好，寺登街被列入世界濒危建筑保护名录。

沙溪因运盐而兴，四周环绕着盐井和盐卡。早在元末明初，沙溪就开始形成以盐运为主，茶、马运输为辅，附带丝绸和手工艺品等商品运输的辐射四周的古道交通网络。向东，经大折坡哨，南下大理；向西，经马坪关到弥沙井，此后可分两路，北上过马登、金顶，到喇鸡鸣井，南下过白石、长新，到诺邓井；向南，经大树关，沿黑潓江而下可到乔后井；向北，经明

图 3-45 沙溪古镇航拍图

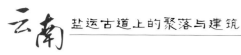

涧哨,过剑川、丽江到西藏。四通八达的地理优势以及充沛富
足的井盐资源不断吸引着四方客商,沙溪历史上出现过藏族、
回族、白族、纳西族等各族马帮,本地马帮也十分兴盛,贩运
弥沙、乔后井盐的"马锅头"(马帮领头人)欧阳、赵、李、
杨四大家族都曾显赫一时,建造了精美的盐商宅居。

　　沙溪古镇以四方街为中心,延伸出三条构成古镇骨架的主
干道,分别是北古宗巷、南古宗巷以及东巷,尽头分别对应北、
南、东三个寨门,西面紧靠鳌峰山而无寨门(图 3-46)。街
巷地面中间用青石板铺设,两旁为卵石。繁盛的盐茶贸易使得
沙溪频繁遭到山匪劫掠,当地官民因此在聚落外围设置防御性

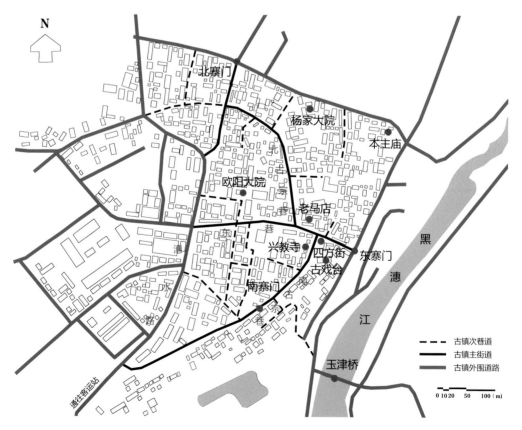

图 3-46　沙溪古镇总平面图

的寨门，派驻兵勇日夜防守，用来保护商户和居民的生命财产安全。其中南古宗巷（图3-47）主要供运输滇西四大井盐的马帮进入四方街。街巷尽头的南寨门（图3-48）始建于明代中后期，为二层碉堡式的土木结构建筑，厚重坚挺，底部有条石基座，两边紧挨着民房，二楼设有射击和瞭望口。

图 3-47　南古宗巷

图 3-48　南寨门

"沙溪之坞……其坞东西阔五六里，南北不下五十里。"①
聚落内的街巷顺应这个特点，南北巷道多长于东西巷道。旧时，
从沙溪北面西藏、丽江而来的长途运输马帮比较多，导致北古
宗巷中供客商留宿休整的马店客栈以及补给物资的商业店铺明
显多于南古宗巷，其长度也长于南古宗巷，聚落传统商业空间
的重心在北古宗巷集市。如今，随着古镇旅游产业的发展，新
型文旅商业空间开始出现。聚落西侧原本紧靠鳌峰山，道路系
统封闭，但西南方客运站的设置，使得西侧滮水路成为游客进
入古镇的主入口。南古宗巷由于连接了寺登街和客栈建筑群，
商业空间进一步发展，再加上北古宗巷进入寺登街的通道长度
过长，又不是主要人流方向，聚落商业空间的重心经历了从北
到南逐渐迁移的过程。

街巷两侧是店宅式民居，临街开店、后院住人，一般三开
间二层为一坊，宅居排列较密，构成街巷。水渠绕前，山墙面
设置封火墙，以防止火灾蔓延。由支巷向内部延伸是白族院落
式民居组团发展的典型方式，整体东西向布置，组合方式较灵
活。以土坯围护外墙，小青瓦坡屋顶，松木框架结构，常有月
梁的设置。聚落最外围的民居厚墙小窗，建筑外观封闭，与寨
门一起组成聚落的防御边界。

（二）曲硐古村

曲硐古村位于永平坝子南部，坐落在新河与银江河的交汇
处，背山面水，地当孔道。自元代屯兵驻守此地开始，逐渐发
展成为滇西最大的回族聚居地，人口稠密，历史上曾两度为永
平县治所。此地还是博南古道（滇缅永昌道）上的重要盐运中

---

① （明）徐弘祖著，朱惠荣校注：《徐霞客游记校注》，云南人民出版社，
1985年，第987页。

转驿站，也是下关转运盐仓抄发腾越、龙陵的必经之地。旧时，村落大部分男人都有赶马运盐的经历，马驮 12 筒，人背 4 筒，将盐巴交易市场中的食盐驮运到龙陵、腾越以换取洋纱等商品。

曲硐古村以清真古寺为中心（图 3-49、图 3-50），民宅围寺而建，加上初期军屯所产生的管理需求，村落形成相对密集的建筑组团布局，曾经砌筑的城墙和五道城门等已不复存在。村内道路系统复杂，街巷纵横交错，甬道迂回勾连，辨识性较低，如入迷宫一般，当地人戏称"走得通北京城，走不通曲硐巷"。主干道为东西向的西华街与南北向的北门街，宽度近 4 米，

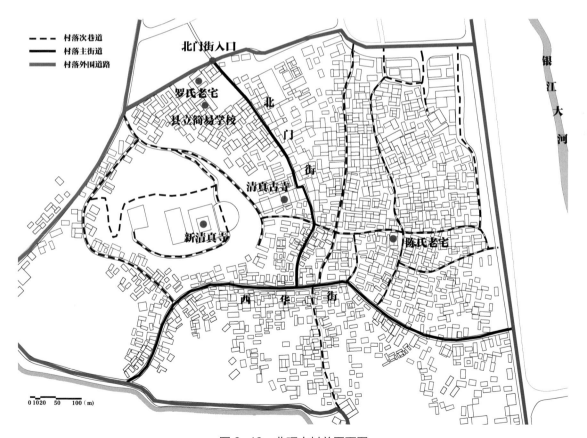

图 3-49　曲硐古村总平面图

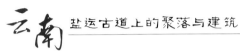

图 3-50　曲硐古村航拍图

是运盐马帮的主要行进路线。次级支道以南北长巷和东西短巷
为主，从主街延伸出来，不求平直，随弯就曲，通往村落的四
面八方。除这两类街巷之外，还有许多直接通向百姓家中的甬
道，最为细窄，仅 1 米多宽。引自银江大河的水渠分布在街道
一侧，宽度 0.5 米左右，其上铺设青石板，随着道路系统环绕
整个村落。

　　北门街全长 1280 米，是曲硐古村最繁华的贸易集市，曾
经开有盐铺，留存建筑也是最多的，清真古寺、罗氏老宅、永
平县立简易师范学校（即"县立简易学校"）都分布在北门街（图
3-51）。街两侧是店宅式民居，其外围护结构为夯土墙，开窗
小且靠近墙体内侧，兼具通风和防盗的作用。无论是老宅还是

新建房屋，临街一层都是具有伊斯兰文化特色的木雕门窗。北门街入口处分布着罗氏老宅和永平县立简易师范学校，是曲硐马锅头罗汉彩所建（图3-52、图3-53）。前者建于清光绪年间，

图3-51　北门街

图3-52　罗氏老宅航拍图

图3-53　永平县立简易师范学校航拍图

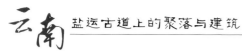

是典型的"六合同春"式白族民居建筑，院门开在东南角的耳房上，目前该建筑已成为私人会所。后者建于民国时期，院落坐西向东，由西正房、两耳房、南北厢房组成，目前作为曲硐的游客中心使用。

　　罗氏老宅向南三百多米就是清真古寺，由于伊斯兰教以西为贵，寺院就建在北门街西侧，也是整个村落的西侧（图3-54）。古寺内外两进院落，花草繁盛，树木葱茏，两进院落中间用一栋三层高的宣礼楼连接过渡，内院大殿为五开间单檐歇山顶，屋脊用瓦片拼成莲花镂空图案，中间置宝瓶。从后小门出去，可沿台阶拾级而上，至小狮山上的新清真寺，二者轴线方向一致，进一步体现出宗教对村落布局的影响。

图3-54　清真古寺

第四章

云南盐运古道上的建筑

盐业官署

西汉时期，云南益州郡连然县已设置盐官。盐业管理作为控制边疆少数民族地区的重要手段，一直被历代中央政府所重视，但是对云南食盐资源的争夺自古有之，南诏、大理割据时期中央政府也曾中断过对云南盐业的管理。明清时期，滇盐生产进入繁荣期，盐业管理体系更加成熟完备，"滇之盐产于井，治之以盐法道，而统于巡抚部院，分设官司以提举之，曰提举；立征榷之法，名曰盐课，以官司之，曰大使"①，与之相对应产生盐法道署、提举司署、盐课司大使署等一系列盐业官署建筑。

一、盐业官署的类型

明清时期，管理盐务的最高机构为中央户部，地方盐务分省管理，由盐政负责。云贵总督兼任会办盐政大臣，总理云南盐务。与两淮、山东等盐区相比，云南盐务较为简单，不设盐运使司，而以盐法道专理，"督察场民之生计与商之行息而平其盐价，水陆挽运必计其道里，时其往来，平其贵贱，俾商无滞引，民免淡食"，衙署设在云南省会（今昆明）丽正门旁，靠近城外南关厢盐铺云集的盐店街（今崇仁街，图4-1）。云南盐道署内，还设有盐道库大使一名，"掌盐课之收纳而监理其库贮"。

---

① （清）王崧著，（清）杜允中注，刘景毛点校：《道光云南志钞》，云南省社会科学院文献研究所，1995年，第113页。

注：底图来自《清末昆明街道图》。

图4-1 云贵总督署和盐道署位置关系图

盐法道下设盐课提举司，设提举一人，驻在井地中心，管理各自所辖盐井的煎销征解等事宜，地位等同于盐运司下设的分司，但品级较低，仅为从五品。明代，云南共设黑井、白井、五井和安宁井四个盐课提举司。当时全国地方盐务机构共十三个（六个盐运司与七个提举司），设置在云南境内的就有四个，足见中央政府对云南盐业的重视。明末，裁撤五井提举司，将安宁井提举司移驻琅井，至清末，产能转变，滇南的食盐生产发展壮大，琅井提举司又移至滇南石膏井区。

盐课提举司下又设盐课司，是更为基层的盐务机构，盐课司设大使一名，负责所驻井地的稽煎查灶、缉私验引，"掌其池场之政令与场地之征收，其有井者分掌其政令，皆治其交易、审其权衡而平准之，日稽其所出之数以杜私贩之源"。没有设置盐课司的盐井区，则由地方官代管。明代云南设有盐课司十二处，相较于云南盐课在全国盐课总数中所占的比例，未免显得冗余，至清代只余七处，分别为黑井、白井、阿陋猴井、石膏井、按板井、大井、丽江井盐课司。

盐课司下属衙门还有缉堵私盐的机构——巡检司，例如位于川滇交界的炎松、易古、可渡、盐井渡等地就设有巡检司。此外还有盘盐厅、掣验盐卡等缉私机构，这些机构遍布盐井地向外的主要出口及行盐线路上的要隘，"或跨河越箐修建木栅，或依山就坡砌筑墙垣，或扼险要隘口添建卡房，堵塞捷径小路"[①]。例如，黑井南关三十里外的大王坡，是商贩运盐要道，就设有吏丞盘查挂号。

综上所述，云南盐业管理机构关系如图 4-2 所示。等级较高的云贵总督、盐法道位于省会云南府，等级稍低的提举司和盐课司位于井地中心，缉私机构则位于行盐线路上，共同保障云南盐务的稳定有序。

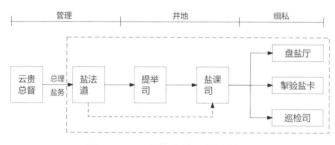

图 4-2　云南盐业管理机构关系图

二、盐业官署的特点

盐业官署属于官制建筑，规模样式要符合封建礼制，主体中轴建筑序列大同小异，不同等级的盐业官署布局差异较大。盐法道署和缉私机构办公场所的相关资料留存较少，仅有零星文字记载，现将云南盐课提举司署和盐课司大使署的相关资料列举如下（表 4-1）。

---

① 杨成彪：《楚雄彝族自治州旧方志全书·大姚卷》，云南人民出版社，2005 年，第 419—420 页。

表 4-1　云南盐课提举司署和盐课司大使署情况表

黑井提举司署	图照	 注：底图来自嘉庆《黑盐井志》。
	记载	设自明洪武壬寅年，在今龙泉坊。大门东向，上为谯楼……仪门三间，南向，左建土地祠。仪门内两旁列书役房各三间，大堂三间，中甬道……堂之左旧为吏目厅……厅三间，其东厢楼二间，对厅书舍三间，东南为厨房六间。堂右为常川库，前后各三间，厢房一间……二堂三间，左厢房二间，右厢房三间。二堂左寝楼三间，又左旁楼二间，厢房二间①
	分析	建筑坐北朝南，形制规整，三轴串联，外有围墙环绕，大门偏离中轴线，位于院落东南角。中路三进院落，正屋高度逐级增加，办公区集中在前两进，官吏居住区在后一进。设有土地祠和盐库
白井提举司署	图照	 注：底图来自光绪《续修白盐井志》。

（续表）

	记载	在荣春坊。明洪武十六年建。主楼、正堂各三间，二堂五间。楼前有两厢，楼东正房三间，旁厦三间，中房三间，前为新移厨房二间；楼西北：房三间；南，房三间，旁厦一间，书房二间。大堂东西为六房，又班房一间；前为仪门，为大门，左为土地祠，右为常平仓……二堂左为门房，右为香柏堂、船房，后为厨，西南角为厕[2]
	分析	建筑坐北朝南，围墙环绕，平面布局三路，中路五进，轴线关系明确，东西路建筑布局较为灵活
琅井提举司署	图照	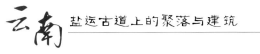 注：底图来自康熙《琅盐井志》。
	记载	正堂三间、东西吏舍各三间、大门三间、仪门三间、川堂五间、厢房六间、内宅后楼五间、左右翼舍各二间，饮冰厅三间在堂左，石舫一间在川堂右，与筠轩三间……凉亭在筠轩后……仪门右为土地祠……右为迎宾馆，大门左为狱舍[3]
	分析	邻河而建，靠近西哨楼，布局较为自由，建筑坐东北向西南，根据文字记载，中轴建筑依次为：大门—仪门—正堂—内宅后楼。设有土地祠和盐仓（衙署左侧的吏目署后改为盐仓）

（续表）

黑井盐课司大使署	图照	注：底图来自《滇南盐法图》。
	记载	建德政坊……大门三间，西向。二门三间，南向。大堂三间，右厢房一间。二堂三间，右厢房一间。左旁书房三间，后楼三间，右厢房一间，左厢寝房三间④
	分析	建筑邻近龙川江，坐北朝南，单檐硬山顶，图照仅为示意，但可以看出有明显的中轴关系，四进院落，规模和提举司署相比较小，不设盐仓
白井盐课司大使署	图照	注：底图来自《滇南盐法图》。
	记载	在观音井桥东。内厅三间，外堂三间，主房三间，大门一间⑤
	分析	大使署邻香河而建，由图照来看，屋顶为单檐硬山顶，整体立面造型简单，围墙底部用毛石砌筑，有明显的中轴关系，规模较小，不设盐仓

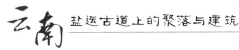

（续表）

阿陋猴井盐课司大使署	图照	 注：底图来自《滇南盐法图》。
	分析	建筑依山就势，布局较为灵活，屋顶为单檐硬山顶，整体立面造型简单，外围墙基础用毛石砌筑。画面中着重描画了收发盐仓，里面有八九个官吏进行称量记录管理。大使署紧挨着烘盐房，方便成品盐及时入库

注：
① 杨成彪：《楚雄彝族自治州旧方志全书·大姚卷》，云南人民出版社，2005年，第940—941页。
② 杨成彪：《楚雄彝族自治州旧方志全书·禄丰卷》，云南人民出版社，2005年，第413页。
③ 杨成彪：《楚雄彝族自治州旧方志全书·禄丰卷》，云南人民出版社，2005年，第1165页。
④ 杨成彪：《楚雄彝族自治州旧方志全书·禄丰卷》，云南人民出版社，2005年，第941页。
⑤ 杨成彪：《楚雄彝族自治州旧方志全书·大姚卷》，云南人民出版社，2005年，第413页。

由表4-1可知，云南盐业官署的布局特点主要有以下两个：

（1）合院建筑，单轴或多轴并联。中轴建筑次序（照壁—大门—仪门—大堂—二堂—后厦）体现出严格的封建礼制要求。以大堂为核心办公区，堂前厢房多设为科房，院中可直接通往盐仓。大门部分偏离中轴线，或朝向与仪门不同。东西路院落布局相对自由，依山就势情况下，外围不甚规整。

（2）等级较高的盐业官署如盐法道署和提举司署，设有土地祠和盐仓。土地祠通常设置在仪门左侧、东路院落中，方便进行祭祀。而盐仓则是盐业官署的特有设施，一般位于土地祠对侧院落，设有兵吏看管。如辖区内盐井较多，那么每个盐井在盐仓中都会有相对应的仓储空间（图4-3）。

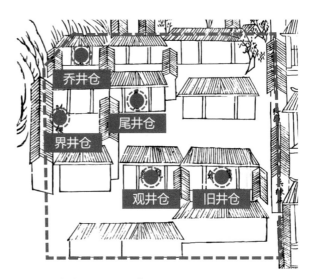

注：底图来自光绪《续修白盐井志》。

图4-3 盐业仓储区域示意图

三、代表性盐业官署分析

（一）白井提举司署

明清时期，云南直隶盐课提举司先后共有六个，白盐井提举司署是其中唯一在现存史料中有平面布局图的。其下辖白盐井大使署、白石谷大使署、安丰井大使署，位于石羊古镇西北隅荣春坊的行春桥与五马桥之间，邻近乔井西侧。衙署始建于明洪武十六年（1383年），清沿明制，历代提举多有添置或改建，但主体中轴建筑基本保持不变。现提举司署已无遗存，旧址上建有百货购物中心等。

建筑选址在宝关山麓，依山就势，坐北朝南，布局规整方正，西北角院落因山体阻碍，外围墙体曲线较为自由。根据光绪《续修白盐井志》衙署图推测，光绪时期其主体由31座建筑组成，分为中、东、西三路院落，以大堂为中心（图4-4至4-6）。

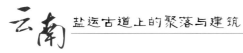

　　中路院落：南北五进，有明显的轴线关系，大堂、上房各三间，二堂五间。大门前设置石狮一对，正对面为照壁，砖墙围合，左右两侧有小门。进入大门后，左为兵练房。再过仪门，两侧为科房，此处可通往东路院落的案牍祠等地和西路院落的五井盐仓，连同大堂一起，是整个官署的核心办公区域。从图片来看，大堂的重檐屋顶也是所有建筑中规制最高的。大堂往后依次是二堂、上房，每个院落均有两厢房。

　　东路院落：南北五进，有明显的轴线关系，除土地祠外均为三开间。由南向北依次为：公局—土地祠—案牍祠—观天

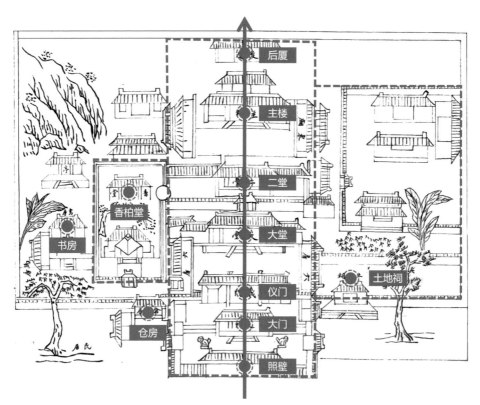

注：底图来自乾隆《白盐井志》。

A.乾隆时期

阁—书屋。公局和案牍祠为附属办公区域，是对大堂行政功能的补充。自乾隆时期就存在的土地祠则承担主要的祭祀功能。

西路院落：布局较为自由，没有明显的轴线。南部为盐仓，纵跨两进院落，分置乔井仓、界井仓、尾井仓、观井仓、旧井仓。盐仓北部是衙署的休闲庭院，名为香柏堂，与中路的二堂相连，院内种柏树十余株，另置船房、花亭。再后面是厨房，西南角为马厩，属后勤生活区域。

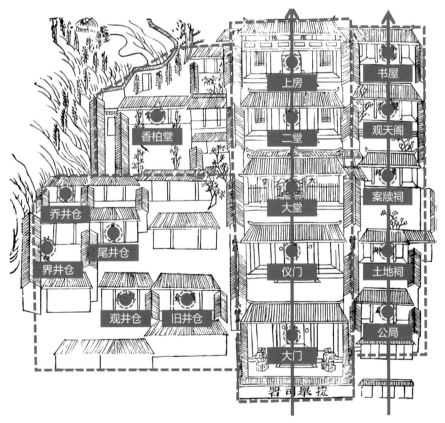

注：底图来自光绪《续修白盐井志》。

B. 光绪时期

图 4-4　白盐井提举司衙署图平面布局

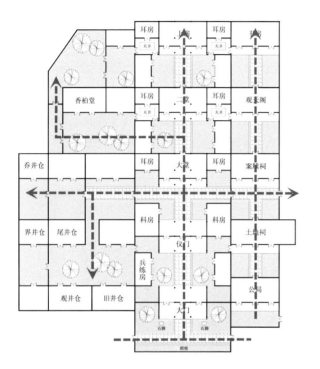

图 4-5　光绪时期白盐井提举司署平面示意图

图 4-6　光绪时期白盐井提举司署屋顶平面图示

盐业经济深刻影响着官署平面功能布局的变化。自乾隆时期至光绪时期白井提举司署的中轴主体建筑基本保持不变，东西路院落向两侧扩张，这是由于盐井产量提升刺激了管理需求进一步的增加。其体现在建筑布局上，就是将常平仓扩建，改为五井盐仓，并新建兵练房、公局和案牍祠，通过增设机构来分担盐业管理压力。

（二）五井提举司

明代中央政府在云南云龙州设置五井提举司，官署位于诺邓村河西坡地半山腰，下辖诺邓井、山井、师井、大井、顺荡井五个盐课司大使署。后来，五井提举司外迁，官署旧址为当地望族黄氏所据。现官署主体建筑已经毁坏，仅入口两进大门与内部的一处门楼有所留存，两进大门被黄氏族人改造为牌坊与府第大门，也就是题名坊、会魁第。

题名坊之前是一个开放公共广场，村民经常聚集在此休闲娱乐或者做一些简单的农产品加工。这里历史上是供运盐马帮短暂休憩的下马场，官府也在此将成盐验收过秤，打上官方标志，再由马帮运到外地。广场中间原有一个正对着题名坊的照壁，雕刻着二龙戏珠的图案，现只剩下石基座，将广场分割为高差近一米的两个平台（图4-7）。广场东南角入口处有一株百年大榕树，是村落最醒目的标志物，也是当地村民的共同记忆载体。

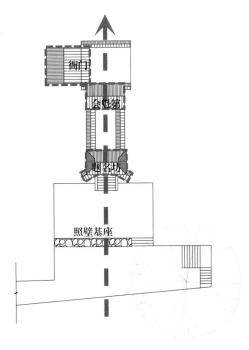

B.平面图

A.鸟瞰图

图4-7 五井提举司署入口空间分析图

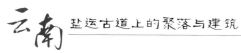

广场北面即为官署入口第一进门——题名坊
（图4-8）。第一任五井提举黄孟通的家族后人科
举成绩斐然，为了记载黄氏宗族的荣耀，遂立此坊。
题名坊整体造型古朴厚重，由于通体石筑，原貌保
存较好。两侧坊柱平面呈八字形态，底部雕刻动物
图案，中部为对称的佛教"卍"字符，顶部覆瓦。
正面门楣下方是石刻匾额，上书"世大夫第"；上
方是镂空雕花、单檐歇山瓦顶。

图4-8　题名坊

　　过了题名坊是长四米的甬道，尽头是第二进大门——会魁第（图4-9）。其为土墙木门瓦顶，造型简单。其后是一所小院，左侧即为提举司署衙门（图4-10至图4-12）。其门楼有二层，气势恢宏，高度和宽度尽显盐业官署建筑的威严。门楼两侧为砖墙，底部用红砂岩砌筑，中部刻有精美图案，顶部覆瓦；中间门楣下方似原有木雕装饰，今已不存；二层曾作鼓楼，设有木质格窗。

图4-9　会魁第

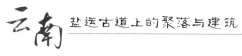

图 4-10　提举司署衙门门楼

图 4-11　提举司署衙门门楼俯视图

图 4-12　衙门门楼立面图

（三）诺邓盐局

诺邓盐局设于民国时期，位于诺邓村河东片区盐地街的中心位置，前身是学校。其职能和明代的五井提举司类似，但行政等级较低。盐局前有一梯形小广场，旧时也是下马场，络绎不绝的运盐马帮在此出发，将诺邓井盐销往腾冲、保山、丽江等地。

建筑由四坊围合而成，布局方正规整（图 4-13）。外墙底部用红砂岩砌筑，墙身由掺入碎草的红土筑成，二层饰有白色抹面（图 4-14）。入口是有厦式三间牌楼形制的大门，两边翼角翘起。正房、倒座和两厢房均是三开间，四坊交汇无漏角，檐廊相通，以木板和木格窗做内庭立面，檐廊下有方形垂瓜柱（图 4-15）。现在的盐局已经成为云上乡愁书院，同时也是诺邓村老年人协会活动中心。

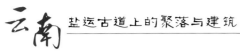

图 4-13　诺邓盐局鸟瞰

图 4-14　诺邓盐局外立面

图 4-15　庭院内景

制盐建筑

　　滇盐制盐工艺的步骤为汲卤运卤、过滤提纯、煎煮成盐，围绕这些步骤而建造的一系列生产建筑即制盐建筑。制盐建筑功能各不相同，建造方式也有所差异，但整体来说体量小巧、构造简单。由于制盐建筑留存较少，故本节主要依历史图画资料（嘉庆《黑盐井志》、《滇南盐法图》）中所展现的建筑风貌来做探讨。

一、制盐建筑的类型

　　嘉庆《黑盐井志》中有两幅图细致描绘了盐业生产场景，其中一幅右边建筑组团的中心是"大井"井楼，盐工或挑或背，将卤水送至井楼后面的露天存卤池（图4-16）。从画面看，存卤池占地面积是组团中最大的。井楼左右两侧是灶房，其四面透风，紧邻灶房的就是通向盐仓的大门。盐工将成型的锅盐背到画面左侧的"富有仓"。这栋合院建筑的入口处就是锯盐处，盐工将锅盐分解过秤后正式存入盐库。另一幅图中，"东井"井楼出现在龙川江上，与岸边的独栋存卤池通过运卤桥相连（图4-17）。紧接着在存卤池后面的是合院式龙祠，盐工祭祀完卤脉龙王后开始制盐，最终将成盐背入"东仓"。

　　为了提高卤水浓度，缩短煎煮时间，盐工在制盐工序里增加了过滤提纯这一步骤，晒盐篷因此应运而生（图4-18）。在其旁边一般配有回卤池，盐工通过晒盐篷反复过滤卤水，再将高浓度的卤水送入灶房。

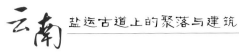
结合上文所述，制盐建筑大致为井楼、存卤池、灶房、晒盐篷、盐仓等，其中井楼用来防止雨水倒灌，存卤池用来储存卤水，灶房用来煎煮成盐，晒盐篷过用来滤提纯，盐仓用来加工收发。

注：底图来自嘉庆《黑盐井志》。

图 4-16 大井盐业生产

注：底图来自石羊古镇盐文化博物馆。

图 4-18 晒盐篷和回卤池

注：底图来自嘉庆《黑盐井志》。

图 4-17 东井盐业生产

二、制盐建筑的特点

（一）井楼

井楼建于盐井上，用来防止雨水倒灌。盐井产量不同，井楼大小也有差别，大致而言，其形制可细分为单栋单层、单栋双层、合院式（图 4-19 至图 4-21）。井楼底部一般用石材砌筑，

屋顶多为硬山顶，外墙封闭，造型比较简单。合院式井楼见于
《滇南盐法图》黑井图识，正房中央是大口圆井，两侧厢房是
"车淡水处"（部分地下盐泉伴随着淡水河流一并涌出，将淡
水分流可提高盐卤浓度），大门设有"收卤筹亭"，配有盐官
进行缉卤，从源头防止私盐流出。在单栋井楼中同样设有缉卤
处，多在房间一侧。琅井提举周蔚在《筹井楼记》中对井楼的
建造有详细描述：

注：底图来自《滇南盐法图》。

A. 阿陋猴井井楼

注：底图来自嘉庆《黑盐井志》。

B. 沙井井楼

图 4-19　单栋单层井楼

注：底图来自《滇南盐法图》。

A. 云龙井井楼

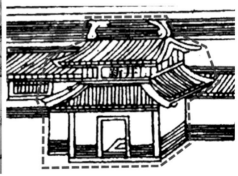

注：底图来自嘉庆《黑盐井志》。

B. 新井井楼

图 4-20　单栋双层井楼

注：底图来自《滇南盐法图》。

图4-21　合院式井房（大井井房）

先拓其四隅，隅各三丈强；次及中，中入地三丈六尺强。探其源，索其流，咸者中出，淡者左出……井工迄，乃建楼，楼三楹，高二丈，广狭周四隅。东设门，门内设石凳，递至井之半，以便汲取。北设门，以达龙祠，后设梯，以登楼。[1]

（二）存卤池

存卤池用来储存卤水，一般紧挨着盐井露天布置，但小部分有房屋遮挡。嘉庆《黑盐井志》相关插图显示，东井的存卤池就是单栋双层的建筑，屋顶为"双坡+单檐"组合（图4-22）。《滇南盐法图》显示，复隆井存卤池也是在一栋合院建筑的大

---

[1]　杨成彪：《楚雄彝族自治州旧方志全书·禄丰卷》，云南人民出版社，2005年，第1257页。

厅中（图4-23）。笔者实地调查发现，存卤池用砖石砌筑，深数米，周围设有栏杆，一处有向下的台阶延入池中，能看到池壁上有白色的晶体。存卤池有大有小，大者长18米、宽12米，小者长4米、宽3米（图4-24、图4-25）。

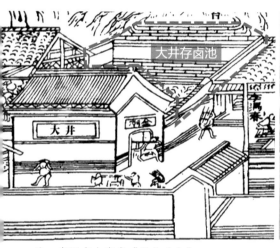

注：底图来自嘉庆《黑盐井志》。

图4-22　东井存卤池

注：底图来自《滇南盐法图》。

图4-23　复隆井存卤池

图4-24　黑牛井存卤池

图4-25　庆丰井存卤池

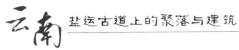

（三）晒盐篷

晒盐篷的作用是过滤杂质，提高卤水浓度。其平面呈长
方形，侧立面近似三角形，形如茅草屋。一般两个为一组，顶
部以木质楼梯相连，内部用木头搭接有三到四层框架结构（图
4-26）。外部是落地式竹篷，其上铺设细碎山茅草（耐卤水腐
蚀、过滤效果好、使用时间长），由上至下层层叠加覆盖，每
层草排用藤条绑在椽子上。侧面搭建水车或直通顶部的木梯，
周围布置条石砌筑的晒卤台、回卤池。

A. 侧面实景

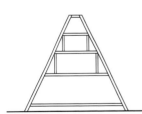
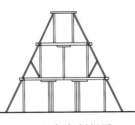
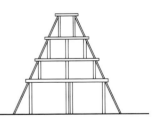

B. 框架侧视图

图 4-26　晒盐篷内部结构

（四）灶房

煎盐的地方是灶房，一般和井房或存卤池组团式出现，多为硬山顶，整体构造简单，开敞通风。有的四周不设墙壁，仅顶部覆茅草；有的以木栅栏为墙，栏板非常稀疏；有的是在砖墙顶部和屋顶开窗，种种建造方式都是为了利于盐灶排烟通风。今黑井古盐坊里的灶房为后期在原址重建的，五开间，砖墙，重檐瓦顶，内部放置两排煮盐设备（图4-27）。

图4-27　黑井灶房

（五）盐仓

盐仓的选址地势要高，以防止雨水浸灌，且与官署邻近，以便于看守，防止走漏私盐。盐仓可分为锯盐仓、发盐仓、收发盐仓（图4-28），都有贮存食盐的功能，细分又略有不同。锯盐仓紧邻灶房，是为了便于锅盐的进一步分解入库而设的。发盐仓负责对外转运，仓房数量明显多于锯盐仓。收发盐仓等级略高，里面有盐官负责过秤验收、核对管理。盐仓一般整体朝向南方，墙体底部由石材砌筑，以防止食盐受潮。盐仓占地面积较大，多的可达三四十间（表4-2）。

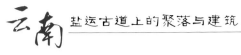

A.锯盐仓　　　　　　　　　　B.发盐仓　　　　　　　　C.收发盐仓

注：底图均来自《滇南盐法图》。

图4-28　云南盐仓的三种类型

表4-2　黑井盐仓		
大井	锯盐仓	仓门一间，官厅一间，仓房二十二间
	发盐仓	仓门一间，官厅一间，仓房四十间
东井	锯盐仓	仓门一间，仓房十五间
	发盐仓	一所，在锯盐仓下，前后各三间，西向
	发盐仓	二所，相连，共二十四间，南向
复隆井	锯盐仓	仓房四间，南向
	发盐仓	二所，南向，共三十间

注：据康熙《黑盐井志》整理。

第三节
盐商宅居

云南盐商可分为场商、运商。场商主收盐，活跃在盐井地；运商主行盐，活跃在盐销地。鉴于云南山高水险的地理环境，运商在盐业经济中发挥着更为重要的作用，运商频繁往返于产销两地，建设了许多反映沿线建筑文化的宅居。

一、盐商宅居的类型

受盐商业务类型和财富实力的影响，其宅居可分为商住混合模式和居住模式两类，若进一步从功能需求角度考虑，则可分为以下三种。

（一）店宅民居——前店后宅、下店上宅

店铺民居在产盐聚落和运盐聚落皆有分布，属商住混合模式，常出现在商业交易频繁甚至是专供食盐销售的街道两侧，如昆明盐店街、盐井镇盐务上街上即有许多店宅民居。一般有两种形式：前店后宅和下店上宅。大盐商雇佣掌柜和伙计经营盐铺，建筑前部用于设铺经营，后部用于居住仓储；小盐商的店铺则是家庭作坊式企业，天井连着几个铺面，铺面通常由数个兄弟共同掌管。也有部分灶户宅居集生产、居住和商业功能为一体，后宅厢房设灶台煮盐，前店售卖。

　　沿街商铺立面多为两层，大门开在正中或两侧，旁边是岩石砌筑或木板拼合的宽大前伸铺台，铺台上方是可拆卸的木板窗，窗板取下后铺台自然成为商品摆放地，可吸引顾客驻足，充分发挥临街面的商业价值，形成"一门一窗一铺台"的店宅民居立面，黑井古镇、沙溪古镇、云南驿村都有类似设计的店宅（图4-29至图4-31）。

图 4-29　黑井古镇店宅民居

图 4-30　沙溪古镇店宅民居

图 4-31　云南驿村店宅民居

（二）马店民居——前院后圈、下厩上寝

马店民居是店宅民居的一种特殊形式，其用途并非售卖食盐，而是为运输食盐的马帮提供住宿。明清时期，云南长距离盐运主要依靠马帮，在食盐转运集散点需要解决马匹与货物的安置问题，因此盐帮行会就会为运盐马帮提供专门的客栈——马店（图4-32、图4-33）。马店将马匹和客商安置于不同空间，或前后分离，或上下分离。具体来说，一种是前院后圈模式，即前院（多为二层）住人，一层主人、二层客商，后院为马圈；另一种是下厩上寝模式，即一层为马厩，二层为客房，形成下厩上寝的模式。

图4-32 沙溪古镇欧阳大院（马店）

图4-33　云南驿村大马店

（三）大院民居——多进合院、多路并联

　　部分盐商通过贩盐积聚起大量财富，他们将商业功能从宅居中剥离，在盐井灶房或转运盐号附近另辟基地，建造具有多个合院或多路并联组合的大院民居。宅邸重视与街巷的关系，占地面积较大，以三合院和四合院为基本单元，依山就势，灵活布局，比如黑井武家大院就为台地式院落（图4-34）。大

图4-34　黑井武家大院

院一般是家族聚居，强调伦理关系，注重长幼尊卑。

二、盐商宅居的特点

（一）盐商宅居的平面形态

云南盐商宅居以合院式为主，小型盐商宅居的平面布局形式基本是"三合院"或"四合院"，而大型盐商宅居则多是这两种的组合变体。不同地域文化影响下的同种合院式宅居也存在细微不同，现以调研样本略作分析。

1. 三合院型——三坊一照壁、一颗印

三合院多为小型盐商宅居，其以庭院为中心组织各坊房屋，正房所在的一坊居于主位，两侧为厢房，以院墙、照壁或倒座围合形成庭院，包括三坊一照壁、一颗印两种。各坊多为两层建筑，面向庭院挑出腰檐，便于雨天穿行。正房所在坊的开间进深比其他两坊大，屋顶、腰檐和围绕庭院的走廊也相对要高。三坊一照壁式合院中，主屋两旁为耳房，耳房与厢房相隔一小段距离，便于分期修建，也形成了漏角天井；主屋对面为照壁，院门开在照壁一侧。一颗印式合院由正房及两侧的厢房组成，院门开在正房对面一侧中间，墙体坚固封闭，天井庭院尺寸较小，平面紧凑，厢房和倒座均为外短内长的双坡屋顶。实例有黑井包家院（三坊一照壁式）和诺邓袖珍小院（一颗印式）等（图4-35）。

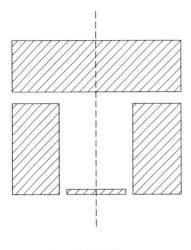

A. 三合院示意图

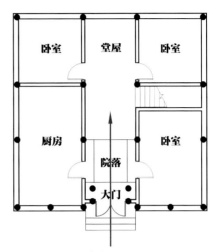

B. 诺邓袖珍小院平面图

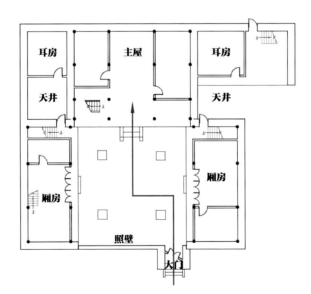

C. 黑井包家院平面图

图 4-35　三合院型盐商宅居平面布局

2. 四合院型——四合五天井

四合院规模稍大，与三合院平面布局类似，都是围绕中心天井庭院组织各坊，只是在正房对面多了一坊。四角一般设置耳房，各带一个天井，加上中间的大天井，共五个庭院。正房所在的坊多由长辈居住，体量较大，其他三坊为陪衬，处于次要地位。院门一般设置在漏角天井，或者将厢房的一间打通修建，以保证院落的私密性。各坊多为二层三开间，明间稍大，四面楼房相通，室内外交通联系方便。具体实例有呈贡龙街张氏宅院、黑井小武家宅院等（图4-36）。

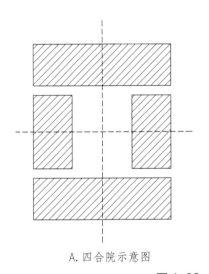

A. 四合院示意图

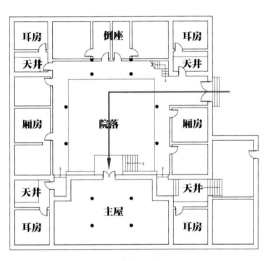

B. 黑井小武家宅院平面图

图4-36 四合院型盐商宅居平面布局

3. 多进合院型

多进合院为三合院或四合院纵向组合的单路大院民居。建筑垂直于街巷，面阔小，进深长，前院空间用来办公议事和接待客人，后院则用于家族聚居，院落间以过厅或院小门相连，强调伦理关系。以喜洲严家大院为例，其共五进院落，由大小两个三合院、两个四合院以及一个西式洋房院落组成，洋房花园为后期修建，迫于周边民居范围，偏离南北中轴线布置（图4-37）。

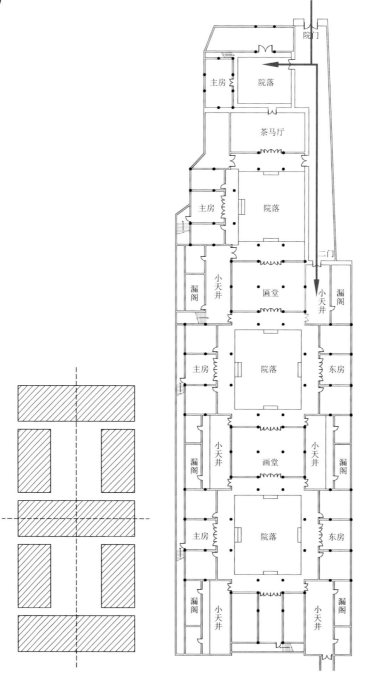

A. 多进合院示意图　　B. 喜洲严家大院（前四进）一层平面图

图 4-37　多进合院型盐商宅居平面布局

4. 多路并联型

多路并联型院落是由几个单路多进合院组合形成的大院民居。其规模巨大，装饰精美，尤以木雕见长，各路院落多有较明显的轴线关系，秩序性和整体性强。中路为主家或长辈居住，两侧跨院则由旁支或小辈居住。例如，黑井武家大院有上下两路院落，下路由两个三合院组成，主要供主人家待客办公，上路由两个四合院组成，为小辈内眷居所（图 4-38）。

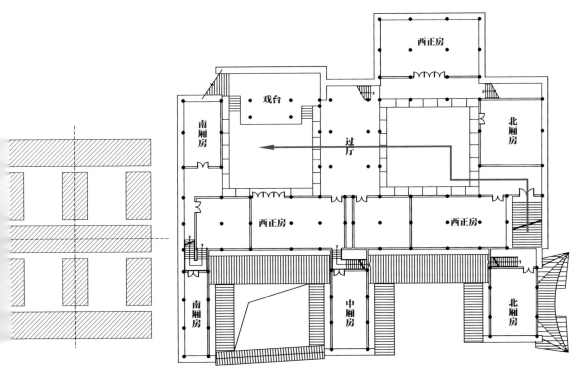

A. 多路并联型院落示意图   B. 黑井武家大院上路院落二层平面图

图 4-38　多路并联型盐商宅居平面布局

（二）盐商宅居的空间组织

1. 入口空间

入口作为过渡性的前导空间，注重保护宅居的隐私。在实际调研样本中少见影壁的设置，多通过对院门进行巧妙设计，使其曲折多变，以避免直对庭院。院门或是扭转一定角度，或是设置在漏角天井处，对着厢房山墙面，或是通过一段小径再进入二门。为彰显财力，尤其注重门楼的装饰，其宅居门楼通常翘角飞檐，雕刻精美，高大坚固。门楼形式多为有厦式三滴水，清末民初部分门楼也融合了西式风格。

2. 庭院空间

合院以天井庭院为中心组织各坊，平面有明显的轴线关系。云南地处高原，日照强，盐商宅居天井面积较小，也相对封闭，院内种植花卉草木，以调节微气候。天井四周以外廊相连，进一步营造凉爽的室外灰空间，也方便往来联系。部分盐商资金实力较为雄厚，其宅居中还会设置戏台供人休闲娱乐。三坊合院中，照壁则是点睛之笔，多为三叠水形式，以檐部和边沿装饰为重，壁上题字或绘画，壁前花草相映，整体简洁清雅。

3. 防御空间

财富聚积，怕有盗匪来扰，故在建造宅居时很注重防御功能。盐商宅居外围墙体一般高大厚实，开窗小而少。除此之外，不同地区的盐商宅居防御设施也不尽相同，如滇中黑井武家大院，上路院落靠近山体，在隐蔽处开小门通往后山，方便有意外时逃离，而滇西盐商宅居防御空间则往下拓展，如严家大院挖有地下防空洞，欧阳大院挖有地下通道。

三、代表性盐商宅居分析

（一）黑井古镇武家大院——场商大院民居

武家大院位于滇中盐都——黑井古镇锦绣坊武家巷中，建于清道光十六年（1836年），占地约2200平方米。武氏家族来到黑井的原因已不可考，相传是明代洪武年间从应天府过来的灶户，后逐渐发迹，成为黑井镇首屈一指的大盐商。

1. 武家大院的平面形式

武家大院是台地式两路两进院落，依山就势，建筑坐西向东，门楼开在北侧。整体呈三横两竖状，为近似"田"字形的平面布局。为方便叙述，现将由门楼进入的称为下路院落，二层台地的称为上路院落（图4-39）。

下路院落皆是三层三开间，第一进为三合院，由西正房、北厨房和中厢房组成，中有天井，东面通往外院大花园。门楼开在北厢房，且设有到达上路院落的楼梯，中厢房底部一层为川堂。过川堂后为第二进三坊一照壁院落，由西正房、东照壁、南厢房、中厢房组成。照壁留有圆形拱门，通向外院。下院主要用于主人家接客办公。

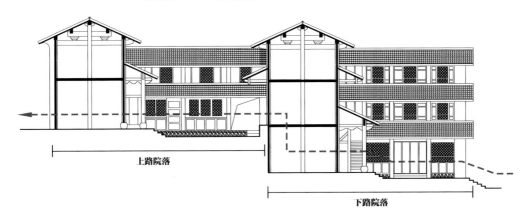

上路院落

下路院落

表4-39 武家大院剖面图

上路院落皆是二层三开间，天井地面与下院二层楼面齐平。第一进为四合院，由西正房、东对厅（位于下路院落西正房二层）、北厢房和中厢房组成。北厢房东侧房间留有一通道，大门即开在此处，东向。过中厢房底部过厅到达第二进四合院，由戏台、东对厅、南厢房和中厢房组成。戏台专供武家内眷看文戏所用，盐商之富可见一斑。上院私密性较强，多住待嫁女儿。上院后方原有一个花园，已毁，但武家大院整体建筑现存布局与原始差距不大（图4-40）。

A.下院西正房

B.外院大花园

C.上院戏台

D.上院庭院

E. 三檐六滴水

F. 下路中厢房川堂

表 4-40　武家大院实景图

2. 武家大院的空间组织

武家大院门楼不对正街，访客穿过狭长曲折的小巷来到门楼的前导空间后，眼前豁然开朗。大门第一道门槛后面是一个梯形空间，西侧是沟通上院的石阶过道，前方为中门。待过了中门，视野方变得开阔，可通过川堂直接看到二进院落，弥补了庭院较为局促的遗憾。由于厢房均比正房低半层，瓦檐交错，置身庭院空间，可以看到"三檐六滴水"的独特景象。东侧则是外院大花园。若进入上院，合院四面均是木质外廊、精致格窗，因为中厢房底部为川堂，视野同样开阔，三楼对厅可俯瞰黑井镇。空间交通组织，四通八达，南、中、北厢房均有转角楼梯，连接上下院落与各楼层。为了应对匪患，在上院中还设置了通往后山的隐蔽逃生小门。

3. 武家大院的细部装饰

盐商宅居的建筑装饰尽显主人家的财力。武家大院大门一高二低，为出角有厦式门楼，高六米，翼角翘起，梁枋、檐柱均有雕刻，或为花卉，或为禽兽，装饰精美（图 4-41）。内院檐枋、穿插枋、门窗细部等木构件也都雕刻着精美图案，梁头以龙形为主（图 4-42）。山墙和下院正屋外廊顶部绘以花卉装饰。

图 4-41　入口门楼

图 4-42　精致木雕

4. 武家大院的建筑风格

黑井古镇盛产红砂岩，其坚固耐用、防火防潮，被广泛应用在当地各类建筑上，整个古镇呈现一片红色。而武家大院则不同于古镇其他民居，只有基础由红砂岩砌筑，青瓦白墙，三坊一照壁，平面布局呈现典型的大理白族民居风格。而门楼的处理则可以看到中原汉文化风水观念的影响，门楼连接着三道门槛，是为了"防止财源外泄"，最外面的大门扭转向东北，不垂直于街巷，并在对面建一照壁（今已不存）。

（二）沙溪古镇欧阳大院——运商马店民居

欧阳大院位于滇西盐运重要集散点——沙溪古镇四方街西北侧，建于清末民初，占地约 1300 平方米。欧阳家祖上从江西庐陵迁来，后代欧阳景成为沙溪古镇最有名的马锅头，他在发迹后建造了这座民居宅邸与商业马店相结合的大院。

1. 欧阳大院的平面形式

欧阳大院为纵向三进院落，建筑背山面水，整体坐西向东，院门开在东南角，布局非中轴对称（图 4-43 至图 4-45）。房屋为双坡硬山顶，部分为弧形山尖，青瓦白墙，底部用红色条石砌筑。大院东侧的一条小路沟通起三个院落，从院门进入，前行十几米向左可看到砖木结构的门楼，这是第一进主人院的大门，而小路尽头则是第三进马厩院，马帮可直接进入。

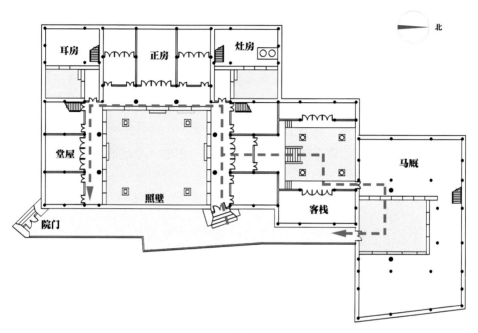

图 4-43 欧阳大院一层平面图

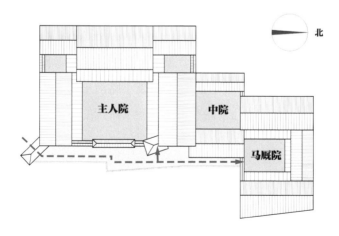

图 4-44 欧阳大院屋顶平面图

图 4-45　欧阳大院航拍图

　　第一进院落是主人家居住的院落，大门位于东北角，为典型的三坊一照壁布局形式，二层三开间，由西正房、东照壁、南北堂屋组成，房间外有木质走廊，庭院四角栽树。正房南北两侧建有耳房，附带小天井，北侧耳房为厨房，可供客商使用。耳房和堂屋的屋顶均低于正屋，突出正屋地位，在正屋二层设置供奉祖先牌位的神龛。北堂屋一楼中间是川堂，后有小戏台充当过渡空间，由此可进入第二进院落（图 4-46）。

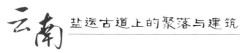

A.一进院落：正屋

B.一进院落：照壁

C.二进院落：小花园

D.三进院落：架空马厩

图4-46　欧阳大院实景图

　　第二进院落中院是客商居住的院落，东西两坊均是二层三开间，北侧山墙面绘以图案作为照壁，连同院门围合形成一个小庭院，庭院四角栽树，无木质外廊。为防匪患，在西正房隐蔽处修了地下通道，可容纳20人藏身。中院房屋的高度、开间、进深均小于主人院，山墙东侧有一小门可通向第三进院落。最北的马厩院也是三坊围合，底部架空，下厩上寝，二层为客房。

　　由于政府拨款修缮，欧阳大院保存良好，还有欧阳家的后人在居住，虽马厩院待拆以及部分墙体抹面有所脱落，但不影响主体建筑风貌。

2. 欧阳大院的细部装饰

欧阳大院的门楼都十分气派（图4-47）。院门为出角有厦式门楼，红砂石砌筑，圆形拱门。两礅柱呈外八形，雕有花鸟虫鱼，上方则有狮子浮雕，形象细腻。瓦当上有莲花纹路，翼角起翘。第一进院落的大门不垂直于小路，而是扭转一定角度，砖木结构，一高两低三滴水飞檐。横枋、雀替镂空木雕缠枝花卉，两礅柱内侧砖雕被分割成三个小矩形区。

A. 院门

B. 一进院落大门

图 4-47　欧阳大院门楼

（三）喜洲古镇严家大院——运商大院民居

严家大院位于喜洲古镇四方街旁，建于清末民初，占地约 2500 平方米（图 4-48）。严子珍是喜洲商帮"永昌祥"商号创始人，以经营沱茶扬名海内外，因他曾兼办公盐，也可视为盐商。

图 4-48　喜洲严家大院航拍图

　　严家大院为纵向五进院落，南北走向布局，主房坐西面东，院门开在东北角，前四进院落轴线关系明确，第五进为后期加建，偏离中轴。进入院门后是一条小径，尽头是"司马第"门楼（二门），融合了西方建筑风格，弧形拱门、三角顶，由此可直接进入第三进院落（图 4-49）。

A. 大院院门   B. 大院二门

图4-49 严家大院的门楼

第一进院落是三合院，东为照壁，南为过厅（茶马厅），院落面积最小，是整个建筑群的序曲；第二进院落是规模稍大的三合院，主房一层是主人卧室，南厢房二层是议事厅，家族议事、商贸决策、访客接待均在此进行；第三进院落是四合院，由此迈入整个建筑群的高潮部分，主房二层是宗堂，供奉祖先牌位，东房则是专门供奉宗教用品的厅堂，儒、道、佛、本主等各门各派无一不包，南北为过厅（画堂、匾堂）；第四进院是规模相同的四合院，南厢房一层外廊前有一个可以推出的小戏台，二层则是绣楼；第五进是西式别墅，呈现出西方复古主义风格，体现了盐商宅居的多元开放性，花园东南角挖有地下室，以作藏身之用（图4-50、图4-51）。

各坊均为二层三开间，木结构体系，外墙厚实坚固。楼上拐角处以圆形镂空窗衔接前廊，楼下也是开放式外廊，院院相连，上下通达，为"走马转角楼"的格局形态。房顶为双坡硬山顶，部分为弧形山尖，外墙开窗较少，底部用青条石砌筑。门窗、梁柱、栏杆等木构件雕刻精美繁复，彩绘栩栩如生，整个建筑显得气势恢宏。

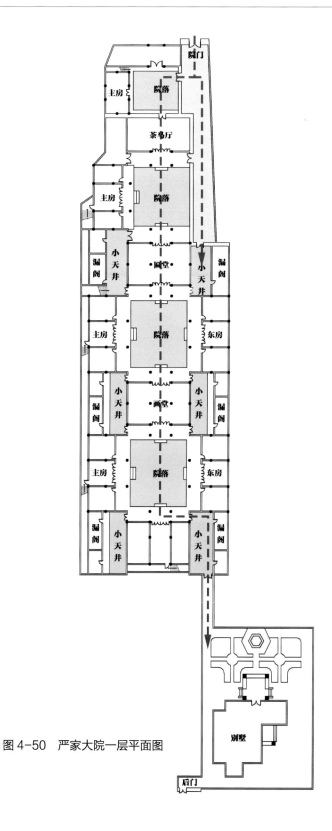

图 4-50　严家大院一层平面图

A.庭院空间（一）

B.庭院空间（二）

C.宗堂室内空间

图4-51 严家大院实景图

祭祀建筑

滇盐生产运输能否顺利进行，不仅关乎数万从业者的生计问题，更关系到云南百姓的日常生活。然而古代技术条件有限，又易受到自然约束，所以人们寄希望于盐神的庇护，为其建造庙宇、供奉神像，盐神庙宇建筑因此成为盐业聚落不可缺少的重要组成部分。

一、祭祀建筑的类型

（一）掌管生产的盐神庙宇——盐神母庙、龙王祠

1. 盐神母庙

盐神母是云南地区盐业的祖师神。云南民间发现盐井的神话传说大部分与女性有关，黑井有李阿召，喇鸡鸣井有阿美姑娘，白井有洞庭龙女，弥沙井有牧牛女。为表达感激崇拜之情，从业者将其神化，为其修建祭祀庙宇或是在龙王祠中供奉其神像牌位。

2. 龙王祠

云南盐区产盐聚落的龙王祠中供奉的是卤脉龙王，为专司卤水的神灵，这也是官方承认的云南盐井神，在清代被纳入国家祭祀体系中。盐卤由地下水冲刷盐矿层而形成，雨盛则卤淡，降雨非人力所能控制，所以从业者只能寄希望于拥有超自然力

量的神灵——卤脉龙王，求旱不求雨。龙王祠作为供奉行业保护神的庙宇，是云南产盐聚落的重要组成部分（图4-52）。

（二）掌管运输的盐神庙宇——三崇庙

云龙境内崇拜三崇神，其人物原型是明代开拓腾越、三征麓川的武将王骥，腾冲正是云龙八井之盐的最远销岸。马帮运盐道路艰辛，甚至可能遇到兵灾匪患，殊为不易，王骥就自然成为外出盐商的保护神。运盐马帮在出发前要到三崇庙烧香跪拜、供奉盐米、祈求庇护，在平安返回后也需要到三崇庙里还愿。

图4-52　诺邓龙王庙

（三）带有祭祀功能的盐业建筑——盐业会馆

　　在重要的食盐集散中心，为保证盐运顺利，盐商会建造盐业会馆用来互通消息、互助共济。同时，盐业会馆还具有祭祀功能，甚至本身就是用来祭祀盐神的庙宇。实例有昆明盐隆祠、诺邓万寿宫（图 4-53、图 4-54）。

图 4-53　昆明盐隆祠

图 4-54　诺邓万寿宫

二、盐业祭祀建筑的特点

（一）选址紧邻盐井、盐店

在产盐聚落中，盐业祭祀建筑紧邻盐井修建，有的甚至直接修建在井楼上，祭祀人群主要是灶户。盐工在开始工作之前，都要祭祀龙王。每个盐区的各分井都有专属的龙王祠，如黑井区就设有紧邻盐井的大井龙祠、沙井龙祠、新井龙祠、东井龙祠；白井区建造有总龙祠，在界井左、土主庙右，并设有六个安置在井楼上的分井龙祠。

在运盐聚落中，盐神庙宇在盐店林立的地方修建。如昆明的拓东路，旧称盐行街，是清代盐铺云集之地，盐商在此集资修建盐隆祠，大殿供奉轩辕黄帝。

（二）复合共生的功能空间

盐业祭祀建筑的实用色彩很强，除了祭祀空间，还设有供灶户、盐商、盐官用来商议、会谈的空间。通常厢房被设为议事空间，装饰比较简单朴素，以方便人们在此商议和决策。大殿则是祭祀空间，庄严肃穆，装饰华丽，以表达对神灵的崇拜和敬畏之情。

（三）人神共娱的戏台空间

传说中龙王喜爱戏曲，多数盐神庙宇都在大殿正对面设置戏台，作为人神共娱的场所（图4-55）。戏台多与山门结合，一层过人（演剧时用木板遮挡住），二层表演，台口柱子上多置与盐业相关的楹联，两侧厢房为看楼。春秋灶祭，演戏以酬谢神灵，祈求盐业生产运销顺利。

A. 诺邓龙王庙戏台

B. 黑井大龙祠戏台

C. 昆明盐隆祠戏台

图 4-55 祭祀建筑的戏台空间

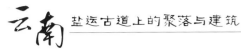

三、代表性祭祀建筑分析

（一）黑井大龙祠

大龙祠位于黑井古镇凤山半山腰的七星台上，可以俯瞰龙川江穿镇而过。因临近大井，所以旧称大井龙祠，是灶户举行祭祀的场所。其始建于明初，后遭焚毁，康熙年间井司聂开基主持重修，山门面阔三间，大殿面阔三间，左厢房是子孙庙，右厢房是高山祠。乾隆时期经历过一次扩建，此形制经多次维修保存至今（图4-56）。

图4-56　黑井大龙祠航拍图

大龙祠为四合院式布局，坐西向东，青瓦白墙，由山门、大殿、偏殿以及南北厢房组成，外墙封闭，无开窗（图4-57）。山门面阔三间，正面门楼为三滴水形制，雕花彩绘，装饰繁复，有一匾额上书"大龙祠"。山门一层过人，二层内侧为"凸"字形戏台，面积约70平方米，两侧是化妆候场室，现在是黑井镇民间文化艺术表演的主要场所，每至农历六月十三都有大戏上演，持续7到15天，用来祭祀卤脉龙王。山门是单檐歇山顶，正脊顶部用拼合成图案的瓦片装饰，两端吻兽为龙，中间是以莲台做底的宝瓶；垂脊尾部吻兽为龙，顶部同样是瓦片装饰，高度比正脊的略低，图案则更密集；戗脊之上立有骑凤仙人，后跟两只小兽。

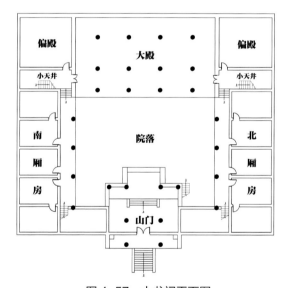

图4-57 大龙祠平面图

南北厢房各五间，前有外廊，单檐硬山顶，弧形山尖，南厢房现为黑井井盐文化博物馆。旧时盐商可以携带家眷在厢房看戏，普通百姓只能站在院子里。大殿面阔五间，进深三间，前有外廊，木结构，单檐歇山顶，屋顶装饰与山门类似，正脊

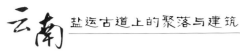

上的吻兽与山门略有不同（图4-58）。檐下有三层象鼻斗栱
和金色红边的木雕雀替。将昂嘴雕成象鼻形状，是云南本地比
较流行的做法，有着明显的地域特色。大殿内中间塑有龙王像，
头戴金冠，身披铠甲；左边是女性龙王像，头戴凤冠，身披霞
帔，这就是找到卤源的牧牛女李阿召的神像；右边是神明大士
像，头戴幅巾，身披袈裟。为了纪念黑井的两个清官——聂开基、
沈懋介，大殿两侧的偏殿分别为聂公祠、沈公祠（图4-59）。

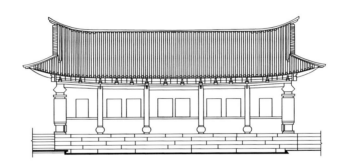

图4-58 大龙祠大殿立面图

A. 山门

B. 厢房

C. 大殿

图 4-59 大龙祠实景图

（二）昆明盐隆祠

盐隆祠位于昆明拓东路上，旧时该路盐铺林立，这里所售卖的食盐中，黑井、琅井的成盐占据一半以上。清光绪年间，盐商集资在真庆观北侧修建盐隆祠，作为盐业公会的会所。盐隆祠现为昆明市盘龙区道教协会使用。

盐隆祠为两进合院式布局，坐北朝南，中轴线建筑依次是大殿、前殿、戏台（图4-60）。

第一进院落，西厢房采用重檐歇山顶，面阔五间，中间设大门用于进出。院内种植花草，显得清幽雅静。大殿金碧辉煌，面阔五间，重檐歇山顶，正脊两端吻兽为龙，中间设宝瓶，戗脊放置七只走兽。青绿琉璃筒瓦覆顶，檐下彩绘贴金，梁柱、额枋、雀替等木构件雕刻精美，二层走廊饰有道德画。东厢房面阔五间，前有外廊，双坡屋顶，内长外短，立面有朱红门窗。前殿在南侧，面阔五间，前廊设浮雕石栏，有一对石狮，单檐歇山顶，形制与大殿类似。穿过前殿就可进入以古戏台为核心的第二进院落。两侧厢房是辅助性空间，戏台面阔三间，绿色琉璃瓦覆顶，翼角起翘较高，梁上漆金描红，檐下额枋有金色浮雕，绘有道教风俗画，檐柱置有竖式楹联。整体装饰细致精美，有江浙地区戏台的风格。

A.航拍图

B.大殿

C.前殿

D.戏台

E.细部装饰

图 4-60 昆明盐隆祠

第五节

盐业建筑的装饰艺术

一、屋面装饰

屋面的视觉肌理主要取决于所用的建筑材料（茅草、瓦片、木板等）和相应的铺盖方式，云南盐区盐业建筑的装饰多出现在屋脊和檐口部分。前文提及的晒盐篷就是将山茅草制作成草排，覆盖在人字形木质框架上，同样屋面大量使用草料的民居建筑还有傣族竹楼。普洱市江城县整董镇是清代整董井所在地，名称保留了下来，是个傣族聚落，其民居屋顶用茅草或瓦片（当地称缅瓦）铺盖，通常采用"三坡一檐"或"四坡一檐"的建筑形式，屋顶陡峭，檐面穿插，出檐低而深远。屋脊和檐口装饰比较简单，局部会出现孔雀图案。

云南盐区盐业会馆和盐神庙宇等公共建筑的屋脊装饰比较繁复，而大部分盐业聚落的民居屋脊仅用瓦片堆叠而成，但是在位于滇川古盐道上的曲靖市会泽县的传统民居屋面上，常有类似于老虎窗的猫眼窗，尺寸较小，水平方向建造，没有采光功能，仅可通风，当地俗称"猫洞"，反映出彝族对虎图腾的崇拜（图4-61）。

图 4-61　会泽县民居屋顶上的猫洞

二、墙面装饰

　　滇中盐业聚落中的传统民居多为土坯墙，泥土抹面，墙面装饰较少，而喜洲、沙溪的白族盐商宅居中，照壁则是墙面装饰的重点表现对象。照壁底部是条石砌筑的勒脚；中部镶嵌大理石或题字装饰，最多的就是"福"字；两侧用薄砖做画框，内部施以彩绘；顶部覆青瓦，翼角飞翘。除照壁外，另一个墙面重点装饰部位就是山墙。山花样式丰富，以蓝、白为主色调，常见题材有植物花卉、双龙卷草、鹿鹤同春等（图 4-62 至图4-65）。

图 4-62　严家大院照壁

图 4-63　欧阳大院照壁

图 4-64　喜洲民居山花

图 4-65　黑井武家大院山花

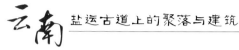

三、雕刻装饰

木雕被广泛应用于云南盐区的建筑上，大到梁柱、额枋等建筑构件，小到门窗、栏杆、龛橱等细致部位（表4-3）。雕刻图案包括象鼻、孔雀等极具地域特色的符号，也有常见的植物花卉、飞鸟鱼禽以及神话传说。白族人尤善木雕，当地俗谚称"剑川木匠到处跑"，其中的"剑川"即白族聚居区。富有的盐商新建宅院时一般会聘请剑川木匠来做木雕，以增添建筑的美感和艺术价值。运盐聚落腾冲和顺古镇中，由于正房与两侧厢房的地面高差较大，建造者一般将正房门窗推移到檐廊外边缘，起到保护的作用。

石雕技艺难度大，材料昂贵，因此相较于木雕，其应用范围有限。然而，在富裕盐商的宅居和各类公共建筑中，石雕仍得到了广泛应用（表4-4）。例如，诺邓五井提举司门前的题名坊即完全由石材雕刻而成，刻有动物图案和"卍"字符。通常人们喜欢在屋脊、门楼、柱础、基座等局部位置施以石雕装饰。盐隆祠戏台下的石质基座外围雕刻了精美的植物花卉图案，石柱础也是狮子形态，可见盐商财力之雄厚。在产盐聚落诺邓村，石门墩也极为常见，几乎每家每户都有，这在其他自然村落中并不常见。

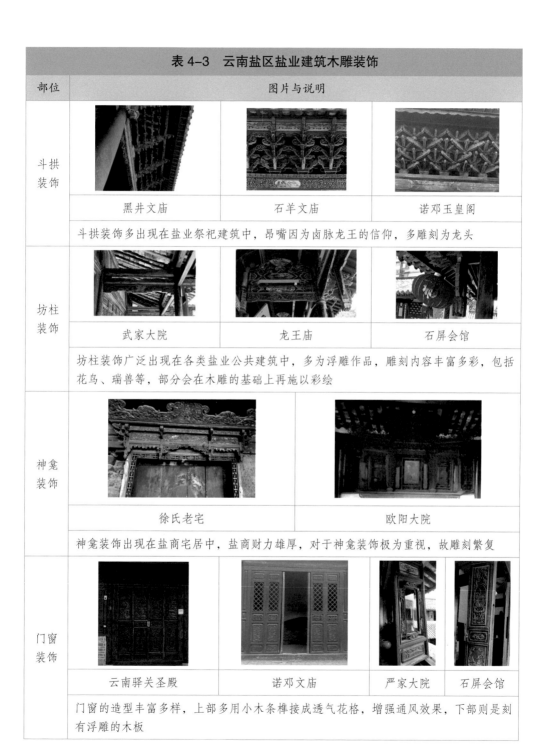

表 4-3　云南盐区盐业建筑木雕装饰

部位	图片与说明			
斗拱装饰	黑井文庙	石羊文庙	诺邓玉皇阁	
	斗拱装饰多出现在盐业祭祀建筑中，昂嘴因为卤脉龙王的信仰，多雕刻为龙头			
坊柱装饰	武家大院	龙王庙	石屏会馆	
	坊柱装饰广泛出现在各类盐业公共建筑中，多为浮雕作品，雕刻内容丰富多彩，包括花鸟、瑞兽等，部分会在木雕的基础上再施以彩绘			
神龛装饰	徐氏老宅	欧阳大院		
	神龛装饰出现在盐商宅居中，盐商财力雄厚，对于神龛装饰极为重视，故雕刻繁复			
门窗装饰	云南驿关圣殿	诺邓文庙	严家大院	石屏会馆
	门窗的造型丰富多样，上部多用小木条榫接成透气花格，增强通风效果，下部则是刻有浮雕的木板			

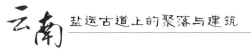

表4-4　云南盐区盐业建筑石雕装饰		
部位	图片与说明	
屋脊装饰	黑井龙王祠	盐业会馆	欧阳大院
	盐神庙宇、盐业会馆的屋脊石雕较为精美，置有宝瓶、瑞兽等装饰。盐商宅居屋脊装饰较为朴素，一般没有装饰		
门楼装饰	欧阳大院	沙溪民居	诺邓题名坊
	门楼装饰最能体现盐商财力，富裕盐商的宅居基本采用石质门楼，雕刻有植物、动物等图案		
基础装饰	基座	石门墩	台阶

第五章

云南盐运视角下的
建筑文化分区探讨

云南盐运分区与建筑文化分区的比较

清初，滇盐实行官运官销制度，盐运分区划定后由盐商认票在规定范围内行销。盐运分区本就是基于山川河流等自然地理条件而形成的，加之盐商频繁往返于固定的盐运线路，所以各盐区内部的文化交流自然较为频繁，易形成以盐区为基础的文化交流区。从这一方面来说，建筑文化分区和盐运分区具有一定的重合度。

以传统民居为例，云南传统民居大体上有四类：滇西北高寒山地的井干式民居、滇西南湿热宽谷盆地的干栏式民居、滇西北干冷河谷台地和滇南干热宽谷盆地的土掌房民居，以及广泛分布在滇中平坝的汉式合院民居。

井干式民居以木楞房为主，主要分布在滇西北的高寒山地地区，以傈僳、纳西、彝、藏、独龙等民族使用较多。滇西北山区海拔高，气候寒冷，民居的保暖性能是最重要的。当地各民族因地制宜，从茂密的森林中就地取材，将大量圆木按井字形堆叠成墙壁，其既是承重结构，也是保暖外墙。屋面覆木板，压上石块以防脱落。滇西北怒江傈僳族自治州北部和迪庆藏族自治州在旧时是滇盐难以到达之地，常吃四川巴塘和西藏芒康盐井所产的沙盐。

干栏式民居分布在滇西南的湿热宽谷地区，以竹、木、草为主要建筑材料，俗称竹楼。架空的一楼用作存储区或动物饲养区，二楼则是居住空间，上下用梯子连通。除傣族使用外，景颇、傈僳、独龙族使用也较多。这些民族的干栏式民居又有些略微不同，比如景颇族的矮脚竹楼，架空高度不超过一米，又如傈僳、独龙族的"千脚落地"竹楼，架空层的木桩多达上百根。滇西南和东南亚国家接壤，边境土司地带多吃越南、缅甸过来的私盐。

土掌房民居主要分布于滇南干热宽谷盆地，也就是在红河流域，以彝、哈尼、傣、壮等民族为居住主体。滇西北干冷河谷台地上的藏族也使用这种土掌房，但当地居民为了防止积雪压坏房屋，将平屋顶改为坡屋顶。传统的土掌房在土坯墙上架梁，梁上铺细木，其上再覆以掺杂着山草的泥土，锤实后形成平顶晒台，是真正的土墙土顶。

云南各民族先民在不同地方，面对不同的自然环境条件，创造出井干、干栏、土掌房这三种云南传统民居建筑的基本形态。到了元、明、清时期，随着"改土归流"和三屯政策的推行，大量汉族移民涌入云南，再加上儒学在云南的传播和发展，汉文化在云南腹地流行开来。三种云南本土民居的基本形态逐渐融合了汉文化的元素，形成了新的建筑体系，包括不同地区和不同形式的汉式合院系列：滇中"一颗印"合院民居，滇西北"三坊一照壁""四合五天井"合院民居，滇东北"四水归堂式""重堂式"合院民居，滇南"四马推车""三间六耳下花厅"合院民居，滇西北"一正两厢式"合院民居。这些系列虽同承一脉，又各显千秋。

与盐运分区对比来看（图2-1、图5-1），滇西北井干式民居区、滇西北土掌房民居区和沙盐区大致重合，滇西南干栏式民居区也基本是越南、缅甸私盐浸灌区所在，这些区域在三江（指金沙江、澜沧江、怒江）以外，为汉文化辐射稍弱的地区，而这恰恰也是云南腹地的盐井难以到达的偏远之地。汉式合院民居则大多处在三江流域内盐运便利、当地少数民族与汉族交往频繁的坝区。汉式合院民居的细分也与盐运分区有着微妙的联系。比如滇东北昭通、东川、镇雄二府一州是川盐销区，该地区的民居建筑即不可避免地受到了川南民居的影响，成为独立的滇东北合院民居区，滇中合院民居区则全部处在滇中盐区内。另外，滇南盐区的主体对应滇西合院民居区与滇南土掌房民居区。当然，由于云南境内高山大河众多，各民族交错杂居，民居分区相较盐运分区更为复杂，还需深入研究。

图 5-1 云南传统民居分区图

云南盐运古道上
建筑文化的交流与传播

一、云南盐运古道上建筑风格的互相渗透

历史上云南各民族由于高山大河的阻隔而相对封闭，星罗棋布地分散在群山之中，其民族文化交流受限。食盐贸易在某种程度上打破了地域的限制，使各民族文化得以在更大范围内传播。盐运推动着沿线聚落经济的发展，同时也使建筑突破地区的界限，促进了本地建筑的发展和外来建筑的本土化。商人对盐业聚落的发展起到关键推动作用，他们捐资修建会馆、祠堂、书院、寺庙等公共建筑，在沿线地区留下丰富的建筑遗存，同时也使沿线地区建筑风格发生了变化。

1. 本地建筑的发展

昆明是省（盐）仓所在地，汇集了省内各路盐商，在传统民居建筑上，吸收了各地有特色的传统民居形式，在"一颗印"的基础上发展形成各种大型民居院落形式。而同属滇中地区的黑井盐也曾销往大理等地区，黑井古镇武家大院的宅居平面布局完全不同于其他彝族民居，为因地制宜版的"三坊一照壁"，其依山而建，上下四个合院，四个天井，规模宏大，木雕、石雕工艺精良，飞檐翘角，设计上融入了一些法式风格，在庭院中设置了三个石制浴缸。地基用当地红砂石垒成，墙面装饰简洁，在上下两层之间的山墙面两端伸出两个小的有檐墙体，起到防火作用。门楼连接着三道门槛，为防止"财源外泄"，最

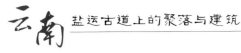

外面的大门扭向东北并在对面建照壁等，这些做法显然是受到了中原汉文化风水观念的影响。

2. 外来建筑的本土化

在云南盐区中，部分盐运古道沿线建筑虽为外地商人修建，但其从选材到设计再到施工，均体现着浓厚的云南本土特色。诺邓的万寿宫本为江西会馆，却不如全国其他地区的江西会馆那样雕梁画栋、精美气派，而是完全采用当地的店宅式民居做法，古朴庄重，简约朴素，是云南盐区外来建筑本土化的典型。

二、四川建筑风格对云南盐区的渗透

清代滇东北地区主要吃川盐，四川盐商在贩运食盐的过程中，也一路向南将巴蜀地区的建筑文化和建造技艺传播过来。其中，地域文化的传播痕迹在会馆建筑中体现得最明显，会馆建筑不易受当地传统建筑风格的影响。比如会泽地区山墙面多为猫拱墙，圆润古朴，屋面也留有猫洞（图5-2）。然而，在

图5-2 会泽民居猫拱墙

位于会泽县城西北二道巷的四川会馆中难以见到上述设计,其几乎完全摒弃了会泽传统民居的做法(图5-3)。

川南民居的山墙面会将内部穿斗式木构架暴露出来,形成若干个小格子,中间填充木板或竹篾。由于四川盆地比较潮湿多雨,传统民居出檐多而深远,屋檐下方置挑枋来支撑。滇东北昭通是川盐入滇第一站,威信县水田镇的陶氏老宅山墙面同样暴露出内部的穿斗式屋架,出檐深且配有挑枋,墙体由木质隔断,房屋上部多使用竹篾墙,平面布局为进深较大的三开间,西厢房还结合地形特点采用了吊脚楼的形式,这些都是典型的川南民居特点。

昭通地区盐业聚落的传统民居或多或少都受到川南建筑形式的影响。在潮湿多雨的河谷地区,木质墙体和隔扇窗非常适用,但昭通的气候条件其实是相对较冷的,木墙隔绝寒气的效果明显不如土坯砖墙。实际上,昭通地区的大部分乡村民居都用土坯墙,古城内反而普遍使用木质墙体,这或许可以用盐

图5-3 会泽四川会馆后殿

运带来的建筑文化渗透来解释。四川盐商频繁在昭通古城内活动，建造川主庙（四川会馆）和具有四川地域特色的宅邸，不知不觉间影响了古城内的民居建造。

三、两广建筑风格对云南盐区的渗透

清代，滇粤铜盐互易造就了滇桂古盐道——广南道近百年的经济繁荣，两广官盐虽只运至百色，但两广的商民可由此继续进入滇东南的广南府和开化府。为了守望相助，共同维护彼此利益，两广商人在沿途建造了大量同乡会馆，这些会馆极具两广建筑特色。其中，里达粤东会馆采用砖木结构，楼高约8米，于临街外檐廊处设外门，为敞开式粤式拱门。再如，剥隘粤东会馆（旧称岭南会馆）采用抬梁穿斗式的混合结构，单檐硬山顶，前厅、正厅、后厅的两侧山墙均高出屋面，形成圆弧形风火墙，体现了典型的粤式建筑风格。这些同乡会馆的建造不仅为两广商民在滇东南地区的经济活动提供了有力的保障，也促进了两地文化的交流与融合。

清末，广东沿海城市传入骑楼这一建筑形式。骑楼建筑最早盛行于欧洲南部的地中海地区，该类建筑的特点是底层临街面后退，留出供行人避雨遮阳的空间，外边缘布置柱廊。光绪初年，滇南商人王炽因帮助盐茶道员唐炯筹款十万两白银，得以开汇号并代办盐运，生意进一步扩大。1872年，王炽筹资在今昆明同仁街修建了商铺，其底层后退留出前廊的设计就不同于当地传统商铺，而是具有明显的广东地区骑楼的特点。此后，滇南的蒙自、个旧等城市也逐渐兴起骑楼式商业建筑。

结语

云南盐区是我国古代重要的井盐产区之一，但是其产量在全国食盐总产量中占比较低。尽管如此，但因盐为云南第三大物产，所以盐课仍是云南历代财政税收的主要来源，盐业对云南政治、经济、社会的发展起着不可或缺的作用，历代中央政府也试图通过控制云南盐业来达到稳定边疆地区的目的。

　　滇盐以井场为核心向外围输送，并逐步形成了固定的食盐贸易通道。独特的山形水文条件催生了滇盐人背马驮的运销方式，盐法制度明确规范了运输线路的走向，盐商活动则促进了沿线的聚落发展和建筑文化之间的交流。

　　云南古盐道作为古代物资流通的要道，内接四川、西藏、贵州、广西，外连缅甸、越南、老挝，通过食盐贸易打破山水的阻隔，将位于孤立地理单元的云南各族群联系起来，促进了地域文化与民族文化的交流融合。它不仅仅是沟通不同盐区的商贸通道，更是一条持续刺激西南地区文化交流共享、物资互通有无、族群互动共生的要道，是我国一项重要的线性文化遗产。

　　本书以云南古盐道为切入视角，将古盐道沿途的聚落和建筑串联起来作为整体进行系统分析，试图展示聚落之间超越地理距离的互动情况和建筑文化跨区域传播交流的特点，为社会公众展现云南古盐道的丰富文化内涵和多彩面貌。虽然全书基本厘清了云南古盐道的全部线路走向和盐业聚落与建筑文化的互动交流情况，但还有一些不足之处：其一，在历史文献的整理方面，由于《清盐法志·云南卷》和《新纂云南通志·盐务考》等史料仅记载了某某盐销往某某地，没有沿途转运情况、停留地点的信息，导致关于运盐聚落的史料缺乏，笔者只能根据现在留存的盐业遗迹再去寻找相关的地方志，梳理起来难免有遗漏，实为遗憾；其二，各类型盐业建筑的实例样本偏少，这不仅是笔者调研时间和范围有限所致，也有部分盐业建筑已经消失在历史洪流中的缘故，虽然《滇南盐法图》等史料中的古图可以在一定程度上为本书的研究稍作补充，但本书对于盐业建筑分类和特征的研究仍有不足；其三，云南古盐道上的文化传播是个涉及多学科的复杂课题，本书最后一章探讨了不同盐区建筑文化的交融和渗透，但仅提出了一些初步思路和观点，尚未进行深入细致的探究，有待不同学科研究者的加入与推动。

云南作为中国重要井盐产区，其盐业历史文化底蕴深厚，境内古盐道沿途分布着众多曾经繁华的聚落和精美的建筑。然而，随着社会的发展和城市化的推进，包括盐业聚落在内的许多传统聚落和盐业建筑面临着消失的风险。这些盐业聚落和盐业建筑是云南盐文化的重要组成部分，也是发展地方经济和旅游业的重要资源。通过深入挖掘盐业聚落和盐业建筑所具有的历史文化价值，加强对它们的保护和传承，可以为地方经济发展提供新的思路和方向，也能促进地方旅游业的发展。

在调研和写作的过程中，笔者深深感受到云南古盐道历史之深厚、旧时盐运之艰难、云南古盐道沿线聚落和建筑价值之

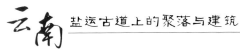
宝贵。然而令人遗憾的是，大多数盐业遗迹因缺乏保护已经毁坏，当地村民对盐文化的认同感也不强。尽管有些盐业建筑作为文保单位得到了妥善修护，但是盐业古镇整体的历史风貌消逝较严重，现代与传统的肌理混杂，缺乏条理，让人十分痛心。希望本书的出版在丰富云南古盐道线性文化遗产研究的同时，也能为云南古盐道沿线盐业聚落与盐业建筑的保护提供一定的参考，能为云南古盐道沿线地区当前经济社会的发展做出微薄贡献。

附录

云南盐道总表

云南盐道总表		
井场	运道、里程	运输方式
元永井场	运盐至盐兴县，至广通县一百一十里，至禄丰县一百二十里，至元谋县一百三十五里，至牟定县一百四十里，至罗次县一百八十里，至楚雄县一百九十里，至武定县三百一十里，至禄劝县三百二十六里，至昆明县三百五十里，至宜良县四百九十里	商人运盐大都用马，间有人背者
黑井场	大部分系运往省城再行转销他县，计由场至昆明、富民为程均五站，至玉溪六站，至武定四站，至元谋二站，至腰站两站半	运盐方法有二：一用马驮，一用人工挑负。如销省岸，则先运之腰站，再发脚运往省城，点交商号查收
阿陋猴井场	运盐至省城约三百五十里	牛马载运，人力挑负
琅井场	多销省城一带地方，计琅井至阿陋或元永井均九十里，以次至禄丰亦九十里，至老鸦关、安宁县均八十里，至昆明七十里	运盐之法有马驮、人背之分，马驮法系将盐平锯为四块，作三角形（约重五十斤）。人背法系将盐手锯为二块（约重百斤）
白井场	运往姚安一百二十里，大姚九十里，祥云二百里，宾川二百六十里，永北六百里，华坪四百里，会川六百里	牛马载运，人力挑负
乔后井场	运往洱源八十里，邓川一百四十里，大理二百四十里，漾濞一百九十里，永平四百二十里，保山六百三十里，腾冲、龙陵均九百二十里	牛马载运，人力挑负
云龙井场	运至云龙之旧州约一百二十里，至云龙漕涧约一百九十里，至永平县约二百二十里，至保山县三百五十六里，至腾冲之西练约六百七十里，至腾冲南甸约七百里，至腾冲陇川约九百里，至腾冲县城约六百二十里	牛马载运，人力挑负
喇鸡鸣井场	多运往剑川分销，由场至兰坪县城六十里，由兰坪至甘禾登八十里，至羊城八十里，至剑川城五十里。又由剑川至鹤庆八十里，至丽江一百三十里，若由井直运永昌则五百余里	牛马载运，人力挑负

（续表）

井场	运道、里程	运输方式
磨黑井场	运往墨江四站，元江七站，新平、峨山、石屏均十站，玉溪、通海、河西、建水、车里均十二站，个、蒙十四站，昆明十五站，各勐地十余站不等	牛马载运，人力挑负
按板井场	运至新平四百八十里，至碍嘉三百里，至楚雄之八哨三百六十里，至景东二百四十里，至云县三百六十里	牛马载运，人力挑负
香盐井场	运盐斤至缅宁，运道有二：走马台江边，计由场至三家村六十余里，至翁孔六十里，至大路边七十里，至马台七十余里；一走大蚌，计由场至长海七十里，至勐戛十余里，至茂篦七十余里，至大蚌六十余里	牛马载运，人力挑负
石膏井场	盐运至宁洱三十里，复由宁洱转运至干田寨约七十里。由场直运思茅九十余里，由思茅转运澜沧八百余里，再运勐河三百里，计程一千一百余里	牛马载运，人力挑负
益香井场	运道有四：一至澜沧九站，二至缅宁八站，三至双江六站，四至景谷二站	牛马载运，人力挑负

资料来源：据《续云南通志长编》卷五十七"盐务二·运销"整理。

注①：本表所列实为民国时期云南运路情况，因其距清末时间差距较小，运输方式未发生较大变化，可以在较大程度上反映清后期云南盐运情况，故整理于此。

注②：一站约为一日之行程。站与站之间距离不等，多以道路好坏来划分站间距离。

参考文献

著作

[01] 牛鸿斌，文明元，李春龙，等．新纂云南通志七．[M]．昆明：云南人民出版社，
　　　2007.

[02] 云南省志编纂委员会办公室．续云南通志长编 [M]．昆明：云南省志编纂委员
　　　会办公室，1985.

[03] 黄培林，钟长永．滇盐史论 [M]．成都：四川人民出版社，1997.

[04] 杨成彪．楚雄彝族自治州旧方志全书•禄丰卷 [M]．昆明：云南人民出版社，
　　　2005.

[05] 杨成彪．楚雄彝族自治州旧方志全书•大姚卷 [M]．昆明：云南人民出版社，
　　　2005.

[06] 杨大禹，朱良文．云南民居 [M]．北京：中国建筑工业出版社，2009.

[07] 杨大禹．云南古建筑 [M]．北京：中国建筑工业出版社，2015.

[08] 蒋高宸．云南民族住屋文化 [M]．昆明：云南大学出版社，2016.

[09] 赵逵，张晓莉．中国古代盐道 [M]．成都：西南交通大学出版社，2019.

[10] 赵逵．川盐古道：文化线路视野中的聚落与建筑 [M]．南京：东南大学出版社，
　　　2008.

学位论文

[01] 金知恕．清前期滇西云龙地区的盐井与地方社会 [D]．上海：复旦大学，2013.

[02] 张崇荣．清代白盐井盐业与市镇文化研究 [D]．武汉：华中师范大学，2014.

[03] 崔校．云南楚雄黑井镇明清时期空间格局的复原研究 [D]．北京：中央民族
　　　大学，2019.

[04] 梁云．文化生态学视野下黑井古镇空间演化研究 [D]．昆明：西南林业大学，
　　　2013.

[05] 沈灿．云南古盐井及其环境空间特征研究 [D]．昆明：昆明理工大学，2019.

[06] 杨宇振．中国西南地域建筑文化研究 [D]．重庆：重庆大学，2002.

[07] 杨庆光. 楚雄彝族传统民居及其聚落研究 [D]. 昆明：昆明理工大学，2008.

[08] 奚雪松. 西南丝绸之路驿道聚落传统与现状研究——以秦汉"五尺道"为例 [D]. 昆明：昆明理工大学，2005.

[09] 王志群. 西南丝绸之路灵关道（云南驿村—大田村）驿道聚落初探 [D]. 昆明：昆明理工大学，2004.

[10] 彭超. 永昌古驿道聚落现状、发展对比研究 [D]. 昆明：昆明理工大学，2004.

[11] 李靓. 云南历史小镇的物质空间环境及其保护 [D]. 昆明：昆明理工大学，2012.

[12] 范宏宏. "茶马古道"滇藏线沿线聚落空间分布特征研究 [D]. 昆明：云南大学，2019.

[13] 刘攀. 拓扑学思维下的云南彝族民居演化及更新研究 [D]. 重庆：重庆交通大学，2021.

[14] 高洁. 云南汉式合院民居构架类型及建造逻辑研究 [D]. 昆明：昆明理工大学，2018.

[15] 姚伟男. 明清以降楚雄大理井盐聚落的历史演变与建筑类型研究 [D]. 深圳：深圳大学，2018.

[16] 李海燕. 云龙县诺邓古村落聚落景观形态研究 [D]. 昆明：西南林业大学，2012.

[17] 赵逵. 川盐古道上的传统聚落与建筑研究 [D]. 武汉：华中科技大学，2007.

[18] 张颖慧. 淮北盐运视野下的聚落与建筑研究 [D]. 武汉：华中科技大学，2020.

期刊会议论文

[01] 吕长生. 清代云南井盐生产的历史画卷——《滇南盐法图》[J]. 中国历史博物馆馆刊，1983（5）.

[02] 朱霞. 从《滇南盐法图》看古代云南少数民族的井盐生产 [J]. 自然科学史研究，2004，23（2）.

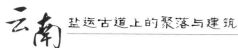

[03] 赵小平. 试论云南盐矿生产、移民与工商市镇形成、发展的关系 [J]. 四川理工学院学报：社会科学版，2006，21(4).

[04] 徐建平，文正祥. 清代云南盐业法律制度与工商市镇的形成和发展 [J]. 广西社会科学，2009(12).

[05] 阎柏. 古镇的兴衰对滇中社会经济发展的影响——以云南楚雄黑井和石羊盐业古镇为例 [J]. 云南民族大学学报：哲学社会科学版，2007，24(3).

[06] 陈庆江. 改土归流：明代云南治所城镇发展历程的重要转折 [J]. 思想战线，2001(1).

[07] 刘新有，黄剑，唐姣艳. 历史文化名镇旅游资源的开发与保护——以云南禄丰县黑井镇为例 [J]. 保山师专学报，2006(6).

[08] 李陶红，罗朝旺. 滇盐古道周边区域经济共生与族际互动——以白盐井为例 [J]. 大理大学学报，2020，5(5).

[09] 赵胜男，王晓艳. 集市对集镇发展的功能性探讨——以云南省大姚县石羊集镇为例 [J]. 楚雄师范学院学报，2014，29(5).

[10] 蒲泽敏，姜龙. 诺邓村盐文化景观建筑遗产发掘与保护研究 [J]. 艺术百家，2015，31(S1).

[11] 李妮蔓. 井盐生产与盐神信仰田野调查报告——以云南大理诺邓村"龙王会"为例 [J]. 西部学刊，2020(2).

[12] 黄玲，王晓芬. 多元共生：盐马古道沙溪白族的空间、信仰与实践 [J]. 百色学院学报，2016，29(1).

[13] 车震宇，邓林森，黄成敏. 从"传统商贸"到"文旅商贸"的商业空间演变解析——以云南大理沙溪古镇核心区为例 [J]. 昆明理工大学学报：社会科学版，2019，19(6).

[14] 干晓宇，胡昂，唐静. 滇西回族村落曲硐空间形态与族群文化关系研究 [J]. 华中建筑，2020，38(1).